Lazy Ant
懒蚂蚁

U0191092

微百科系列·第二季

撞击地球

来自小行星和彗星的威胁

COSMIC IMPACT

Understanding the Threat to Earth from Asteroids and Comets

[英]安德鲁·梅 著

肖 娴 译

重庆大学出版社

目录

1

小行星启示录

►►►

在人们的想象中，小行星或彗星对地球的撞击是“世界末日”最可能的场景之一。这个想法以前较新颖，但 20 世纪最后十年成为主流意识，很快便得到人们的认同，并深入人心。很大程度上，这主要归功于两部好莱坞电影——《世界末日》（*Armageddon*）和《天地大冲撞》（*Deep Impact*）。如果我们要挖苦讽刺卡通连续剧《辛普森一家》中的那些俗套的黄金法则，宇宙撞击就是最好的话题。2011 年第 492 集正好提到，巴特（Bart）说道：“无论我们做什么，一颗小行星就可以将我们摧毁。我们应该尽情享乐，然后毁掉这个地方。”荷马（Homer）回道：“没错，凭什么小行星可以找这种乐子？”

姑且不论大众文化，外太空撞击给我们带来的威胁始终是存在的，且非常严重。成千上万的小行星轨道与地球轨道相交，理论上讲，其中的任何一颗都可能会与地球在相同时间处于相同位置。许多彗星也是如此。新彗星不停地落入太阳系内部。从整个宇宙来看，撞击并不罕见，一直都在发生。

曾经发生过……

我们先来审视一下月球。由于撞击，月球表面呈现出独特的形状。除了成千上万可见的陨石坑，还有其他可见特征，如山脉和误以为是“海洋”的大片黑色区域，其实这些都是撞击形成的。但是，为什么月球所受的宇宙撞击比地球多呢？

事实并非如此。地球所受的撞击与月球一样是很多的，但几个世纪以来，大气和地质变化、覆盖地球 3/4 的水共同掩盖了这些证据。如今，地球上只有唯一一个容易辨认的陨石坑，那就是亚利桑那州的流星陨石坑［又名巴林格陨石坑（Barringer crater）］。这个陨石坑直径 1 千米，看起来相对年轻，因为只有大约 5 万年历史，这对于 45 亿年历史的地球来说，只是眨眼一瞬。然而，如果你细心观察就会发现，地球还有许多其他撞击坑，通常都更为古老，有的也更为巨大。

例如，希克苏鲁伯陨石坑（Chicxulub crater）直径大约 200 千米，横跨墨西哥尤卡坦半岛北端，一直延伸到墨西哥湾。6 600 万年前，一颗直径 10 千米的星体从外太空坠落到地球，造成了毁灭性灾难，它就是这次事件的残留物。虽然现在只是一块巨石，很明显当时对当地造成了巨大的破坏，但与一颗直径 1.3 万千米的行星相比，体积也不大。因此，整体而言，地球很难注意到这次撞击，是吧？

答案是否定的。希克苏鲁伯陨石坑的运行速度大约 20 千米 / 秒，完全可以转换为一股巨大的动能。撞击时，所有的能量以爆炸的形式全部传递给了地球。1945 年的广岛爆炸是大多数人能想到的最大一次爆炸，我们试想这次爆炸的破坏程度相当于那次的 50 亿倍，瞬间集中于尤卡坦半岛的一个点，最终形成了希克苏鲁伯陨石坑。

这次撞击造成的灰尘云在地球沉积改变了近几个世纪的全球气候，造成了地球 75% 的植物和动物灭绝。其实，希克苏鲁伯陨石坑最大的受害者就是曾统治生物圈长达 1 亿 5 千万年的庞大脊椎动物——恐龙。这样的事不是头一回发生。恐龙自己在更早一次大灭绝之后便显赫一时，而在那之前至少还有三次大灭绝。并不是所有灭绝都必然由陨石撞击所致，还有其他可能的原因，但其中几次灭绝很有可能是由撞击造成的。

如果一个直径 10 千米的物体可以造成这么大的破坏，那 1 千米呢？100 米呢？虽然不会摧毁整个物种，但破坏性也极强。造成亚利桑那州陨石坑的物体直径只有 50 米。不难想象，一个大小类似的物体坠落到今天人口密集的城市会发生什么。1908 年，一个大小差不多，或可能稍微大点的物体坠落到现今俄罗斯上空的大气层。由于在高空中发生爆炸，没有形成陨石坑，但燃烧的火球烧焦了大片森林，夷平了方圆 30 千米内的树木。幸运的是，这次事件发生在人口稀少的通古斯卡河流域，几乎没有造成人员伤亡。如果同样的事件发生在西边 3 600 千米外的莫斯科，就另当别论了。

宇宙撞击的概念还没有完全被人们理解之前，通古斯卡这类事件很可能会被错误地记录为其他类型的自然灾难，如地震。人们是否留心到这些事件和“天空中看到的物体”之间的联系呢？一直以来，人们总会把彗星和即将来临的灾难联系起来，尽管这多半是纯粹的迷信思想。

众多文化中，彗星都曾被视为典型的不祥之兆。举个著名的例子，1066 年诺曼底人入侵英国前不久，一颗明亮的彗星出现在

巴约挂毯上描绘的哈雷彗星

星空。战争胜利之后，诺曼底人编织了巴约挂毯，其中一个场景描述的就是英国国王哈罗德受到彗星警示的情景。他的命运是注定的，因为彗星被视为某种战败的征兆，但容易忽略的一点是，诺曼底人可能也看到了彗星。

事后我们知道，1066 年那颗彗星其实就是哈雷彗星，是定期出现的“短周期彗星”中最大、最壮观的一颗。它的轨道一次次将其带回太阳系内部，大约每 76 年一次。自古以来，人们都看到过它，但事实上直到 17 世纪牛顿提出了万有引力定律之后，人们才意识到每次出现的都是同一个物体。除此之外，该定律还解释了太阳系所有天体如何有规律地运动。

牛顿是剑桥大学的数学教授，也是剑桥大学的劲敌——牛津大学的教授。他首先证明了牛顿定律强大的预测能力。这颗著名的彗星是以艾德蒙·哈雷（Edmond Halley）来命名的。1682 年，哈雷观察到一颗彗星，通过推算轨道，他意识到这颗彗星至少与 1531 年和 1607 年所记录的彗星是同一颗，由此推断 1758 年它将再次回归——哈雷去世后的第 17 年，彗星真的出现了。

虽然这些新认识改变了人们对彗星的一些认识，但还是无法完全消除那些偏执的想法。用卡尔·萨根（Carl Sagan）和安·德鲁扬（Ann Druyan）的话来说：

据说，彗星带来的是灾难，如洪水、黑暗、火灾、地球分崩离析等，这个污名随着时间的流逝和天文学的发展发生了改变。奇怪的是，彗星乃不祥之兆的观点却根深蒂固、世代相传。

就连哈雷也一样。1694 年，他向英国皇家学会递交了一篇题为《关于普世洪水原因的一些思考》的文章。尽管裹上了“普世洪水”这种术语的外衣，但他其实想说的不过是《圣经》中记载的洪水。在论文中，他把原因归结为彗星或其他一些途经天体的偶然撞击，这里使用的是“偶然”一词的本义。

对于现代读者来说，在神学文本之外谈论《圣经》很可能会遭到众多质疑，但是哈雷确实是那个时代的产物。然而，他的论点已经相当超前了，甚至暗示撞击将带来两方面的影响：一是海啸（由于震动引起海水剧烈的起伏）；二是火山湖（由于震动引起里海和世界其他湖泊的巨大凹陷），这也是目前人们普遍接受的。与同时代的大多数人一样，哈雷将《圣经》视为对历史事件的准确叙述，并指出，撞击假说“或许可以对我们确信至少在地球上发生过一次的灾难作出可能的解释”。

……还可能再次发生……

牛顿的另一位追随者叫威廉·维斯顿（William Whiston），追随只是名义上的，因为他只是接替牛顿当了剑桥大学数学系教授。与哈雷一样，维斯顿相信彗星带来了《圣经》中描述的洪灾，但他更近了一步，他认为世界将面临另一场同样规模的灾难。1736年，一颗彗星出现，维斯顿预测这颗彗星将在同年的10月16日与地球撞击，摧毁整个文明。作为散布恐慌的做法而言，这相当奏效。据说，人们从伦敦逃离到乡下，银行被前来取钱的人围得水泄不通，不得不关门大吉，最后坎特伯雷的大主教被迫出来平息事端。

牛顿和哈雷之后，另一位更有建树的追随者是法国物理学家皮埃尔-西蒙·拉普拉斯（Pierre-Simon Laplace）。他的维基百科页面一个名为“以……著名”的列表里，列举了30多种科学理论和方法。1796年首次出版的《世界体系》一书中，拉普拉斯推测，彗星撞击可能导致全球物种灭绝。

> 大部分人类和动物要么在普世洪水中溺亡，要么被地球所遭受的撞击摧毁，所有物种灭绝，人类工业成就将倒退，这些就是彗星撞击所带来的灾难。

尽管拉普拉斯提出的许多观点都得到人们的认同，但这却是个例外。在他所处的那个时代，以及之后的两个世纪，科学家普遍认为彗星或其他天体造成的突发灾难不会发生在地球上。具有讽刺意味的是，这种特殊的教条主要是为了反对旧的宗教文本，如《圣经》中的洪灾。摒弃了这些封建迷信之后，科学迎来了一次叫作“渐变论”（gradualism）的新范式，刚好与灾变论（catastrophism）截然相反。早在1972年，企鹅出版社出版的《地质词典》就推出了下面的词条：

> **灾变论**：这个假设指的是地球变化是由于短暂的、相互独立的巨大灾难造成的，现在这种说法几乎完全被抛弃了。

被主流科学抛弃之后，灾变论又在伪科学怪人和宗教末世论者那里找到了一席之地。这形成了一个恶性循环，进一步阻碍了一些严肃科学家的论断。最臭名昭著的人物是20世纪50年代的伊曼纽尔·维里科夫斯基（Immanuel Velikovsky）。他虽然是一个合格的物理学家，却不是一个合格的天文学家。他用一种几乎忽视太阳系运作方式的说法，将历史上记录的系列历史灾难归结于宇宙撞击。他所说的时间标尺适用于人类事务，而不是天文或地质过程。科幻小说家和伪科学揭秘者约翰·斯拉得克（John Sladek）对其理论做了一个极佳的、非常简洁的概括：

> 根据维里科夫斯基编造的，公元前1500年到700年期间，地球发生了一系列由彗星引发的灾难。木星和土星相撞，木星的一部分脱离进入太空成为一颗彗星。这颗彗星与地球多次相撞，引发了地震、洪灾、流星雨等。随后又与火星相撞，将火星撞出了轨道。火星又与地球相撞，造成多次地震等灾难。最后火星与彗星在离地球非常近的位置再次相

撞。小彗星从彗星的尾部脱落，成了行星带。火星被撞回到轨道，彗星则进入轨道成为金星。

这些无稽之谈使得科学学术界比以前更加坚定地反对灾变论。然而，让科学家们沮丧的是，维里科夫斯基的这些观念却得到一部分普通大众的强烈认可。伪科学的一个全新的分支应运而生，与伪科学一样，它们迎合了同样的受众——那些相信飞碟和外星人绑架事件的人。

维里科夫斯基式的灾变论如今仍然盛行，网上时不时会蹦出一些谣言。例如 2012 年，一些人相信地球将与一颗不存在的星球——尼比鲁（Nibiru）相撞。由于小报不负责任的报道，更多的读者看到了这些来自小型网络社区的故事。2017 年 1 月，《每日邮报》刊登了一则标题：“阴谋论者声称：一颗末日小行星下月将撞击地球，引发毁灭性的海啸。”

需要强调的是，《每日邮报》这样做并不是为了那些阴谋论者的利益，而是为了让广大普通读者认识到这是无稽之谈，毕竟阴谋论者是少数，刊登这样的标题不会增大发行量，没有任何商业价值。此举纯属娱乐，并非散布谣言。但他们使用的这种“梗”就如维里科夫斯基的怪诞想法一样，却让科学家们倍感愤怒。因为 20 世纪末的时候，科学家们自己都不再嘲笑灾变论了。

那个时候，希克苏鲁伯陨石坑被发现，人们惊奇地发现恐龙死亡和宇宙撞击之间存在因果关系。同样，1994 年苏梅克-列维 9 号彗星（Shoemaker-Levy 9）撞击木星事件也让人们大开眼界。任何有望远镜的人都可以目睹。彗星在木星大气层造成的疤痕相当于地球大小，这敲响了教条渐变论的最后丧钟。即使是最具怀疑精神的科学家都可以想象，如果苏梅克-列维 9 号彗星撞到的不是木星而是地球，会发生什么！

正视威胁

现在全世界都在有意识地努力定位和跟踪"近地天体"（near-Earth objects）——这是对将来可能会造成撞击威胁的小行星和彗星的统称。因此，与上一代人相比，我们更有可能提前得到撞击警报。这是否让我们不那么脆弱，另当别论。但如果我们知道它即将到来，是否能做些什么来避免碰撞呢？

原则上，答案是肯定的。电影《世界末日》和《天地大冲撞》里充斥着伪科学，但中心思想还是比较正确的，即缜密的太空行动可以改变即将撞击天体的轨道或将其摧毁，而这是完全合理的。与前人相比，我们还是有很大优势。正如奈尔·德葛拉斯·泰森（Neil deGrasse Tyson）说的：

> 恐龙没有宇宙计划，不会讨论这些问题。但我们有，而且确实有能力去做。我不想为银河的事情困惑，也不想有能

力改变小行星的轨道，但更不想什么都不做就灭绝。

还有一些人也表示过相同的观点。科幻小说家亚瑟·查尔斯·克拉克（Arthur C. Clarke）提到，简言之“小行星或彗星撞击的危险是人类进入宇宙的最好原因之一”。

但是，这个方案真这么简单吗？太空旅行和世界末日是否能画等号？回答这个问题之前，还需要审视几个其他问题：这些危险的天体是什么？它们从哪里来？能造成多大的破坏？如何在第一时间找到它们？

2

太空中的石头

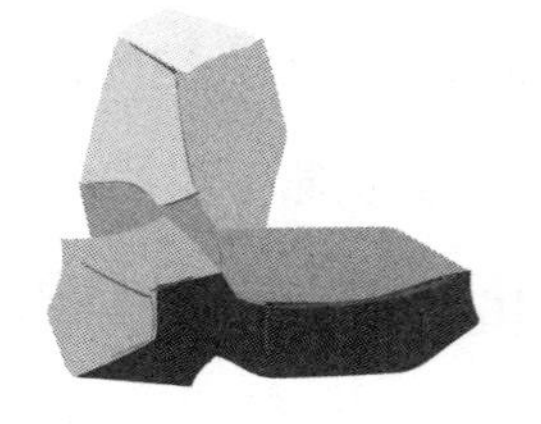

►►►

在前科学时代，宗教束缚着许多人的思想，人们对石头从天上掉下来的想法嗤之以鼻，原因很简单，因为石头是尘世的，天空是神主的，二者没有任何联系。尽管这些想法在中世纪基督学者心中根深蒂固，但他们并不是开创者。古希腊哲学家亚里士多德是最早提出这个观点的哲学家，他认为所有的岩石都来自地球，如果它们从天空中落下来，那只是因为它们曾被大风卷离地球。

直到18世纪初，科学才得到推崇。多亏了牛顿，我们才知道太阳系所有行星、卫星和彗星都与地球上的一般物体一样遵循相同的物理定律。大部分关于外太空的古老迷信都烟消云散，只有一个例外。那就是，人们仍然不相信石头会从天上掉下来。

1769年，法国化学家安东尼·拉瓦锡（Antoine Lavoisier）向皇家科学院提交了一篇名为《一块据说从天上掉下来的石头》的论文。他认为这是一颗被雷电击中的地球上的普通石头。有几本书直接引用他的话，直言不讳地说："天无石头，非自天降。"很遗憾，他的经典名言并没有出现在他的任何论文中，所以这句话很可能是伪造的。但是，这清楚地概括出拉瓦锡时代科学家们的普遍态度。

科学家们的态度也是如此。一些普通人目睹石头掉下来，从而坚信石头可以从天上掉下来，但科学家们却一次次对那些亲眼所见的报道不屑一顾，认为这只是无知农民的错误认识。1790年，当一场流星雨落在法国阿让市区附近时，300名目击者提供了证明陨石的宣誓书以证实事情的真实性。这些内容发表在一本科学杂志上，编辑却附上了一句说明——“我们不相信他们任何一个人。”

那时，法国大革命正在进行之中。在这之前，讨论“无知的农民”是砍头的罪行。1803年，让-巴蒂斯特·毕奥（Jean-Baptiste Biot）收集到另一组证词，他对这些证词都给予了同等的重视，并不以社会地位不同而区别对待。每个人的姓名前都被加上敬语：公民。

这个鲜活的、公正的例子足以让毕奥相信这些落下来的石头是来自外太空。他说道：“我成功地把人类观察到的令人惊奇的现象之一摆在了毫无疑问的位置。”那不是无聊的吹嘘，而是有充足数据支持的事实。在这些令人信服的证据面前，科学界比恶意批评者更容易站在他的那边。如今，毕奥被公认为流星雨现象的奠基者。

毕奥的发现发表之后，他杜撰了一个新词“流星体”（meteorite），这是旧词“流星”（meteor）的派生词。对于天文学的新手，二者容易混淆。就像彗星和小行星一样，让人困惑。甚至对于这个领域的专家，两个术语之间的界限也十分模糊。如同很多天文学术语一样，这些名词都是在人们完全理解之前就杜撰了。也许我们最好还是回到最基本的东西上来。

天空中的幽灵

流星是夜空中的常见现象。它们看起来像天空中忽然划过的一道光带。自古以来，流星更容易在泛光街灯之前看到，因此长时间以来人们认为它们纯属大气现象，顾名思义被归到气象学而不是天文学。

在某种程度讲，流星的确是一种大气现象。它是宇宙碎片高速进入高层大气的结果。在高层大气中，碎片就像一个航天器返回舱，温度上升到一个极端的温度。一些较大的碎片掉到地面上，存留下来的就是流星雨。然而，绝大多数流星只是微小的尘埃。人们很少去思考发生了什么事，但即便如此，这也是一件很有意思的事。

当然，被一颗微小的尘埃撞击不会让任何事物灭绝，我们这里有点跑题了，但这值得绕一段路。首先需要说明的是，尽管它们只是尘埃，但数量很多。平均每天有约 100 吨的流星尘埃坠落在地球上。

它们去哪里了呢？首先，它们会均匀地覆盖在地球表面。任何落在海洋里的会马上消失，落在地上的很快就会渗透到土壤。因此找到尘埃的最好地方之一就是无孔的表面，如屋顶和排水沟。因此你不需要跑到博物馆去看流星雨，你家门前的排水沟里的污泥里肯定含有来自外太空的一些小颗粒。

好吧，现在我们知道大部分流星是微小的尘埃，但这些颗粒从何而来呢？有一些来自太阳系，这些原始的颗粒未被卷入像月球或行星这样大的天体中，而在你家排水沟里的颗粒则是被卷入地球这颗行星中的尘埃。还有很大一部分来自彗星。那些仅仅在照片上看到彗星的人很容易混淆彗星和流星，但实际上它们是完全不同的视觉体验。

与流星类似，人们很早就发现了彗星，但彗星出现的概率更低。通常，每个世纪内能够被肉眼直接观察到的只有几次，但有时候一个晚上就可以见到好几次流星。但流星在眨眼的时间里一闪而过，而彗星会在消失之前连续几天一直出现在天空。有的独特的彗星看起来像一颗明亮的恒星，拖着一条模糊的小尾巴，加上一点想象的话，还像长着长长的鬓毛。这也正是它得名的原因，彗星在希腊语中就是“长发”的意思。

彗星的大部分质量集中在一些很小的东西上，肉眼几乎看不见。彗核由岩石和冰核组成，通常直径只有几千米。当彗星靠近太阳时，冰和其他易挥发物质升华，在彗核周围形成行星状的雾状物，肉眼即可见到。由于太阳风的作用，彗星会有一条长长的彗尾。这可不是一般意义上的风，而是太阳上射出的高速粒子流，但效果跟风没有太大的区别。尾部被吹走物质中的一小部分，最终以流星尘埃的形式落入地球。

还有一类天体将在本书占重要地位。与流星和彗星不同，望远镜发明之前，人们对其一无所知，根据望远镜里的样子，它们被命名为小行星，希腊语就是“像星星一样”的意思。另外，它们也像微小的行星一样，每天缓缓漂浮于星空。其实，“微小的行星”可以算作对小行星近乎完美的描述了。

小行星形状各异，几乎没有一个明确的上限和下限。体积最大的一颗叫作谷神星，形状近乎球形，直径近 1 000 千米。首次被发现时叫作行星，但多年之后又归为“最大的小行星”。根据最新的定义，它和冥王星一样被称为“矮行星”。“最大的小行星”的称号移交给了灶神星。灶神星直径 500 多千米，与大多数小行星一样，是典型的马铃薯形状。

小行星尺寸的下限就更随意了。现有的数据是一米，比一米还小的被称为“流星体”。尽管根据最新的定义，小部分流星体会归为小行星，但大部分流星体的天体大小跟这个差不多。

研究越深入，越多小行星、彗星和流星 / 流星体性质上的共同点被发现。有的小行星像彗星，有的彗星却像小行星。1949年，彗星猎人艾伯特·威尔逊（Albert Wilson）和罗伯特·哈林顿（Robert Harrington）发现了一颗彗星，之后这颗彗星以他们的名字命名。30年后，埃莉诺·赫琳（Eleanor Helin）发现了小行星4015，结果这颗小行星就是“威尔逊·哈林顿彗星”。两次发现都没有错，因为4015威尔逊·哈林顿确实同时满足彗星和小行星的所有条件。

小行星、彗星和流星雨都有一个基本共同点：它们都围绕太阳有规律地运动，许多行星也是一样。在回顾一些基础知识的同时，我们也有必要了解一下这个知识点。大多数人比较熟悉太阳系的大致分布：太阳位于中心，八颗行星以近乎圆形的轨道围绕太阳运动。其中，水星的轨道最扁、最长，偏心率[1]为0.2。除了轨道近似圆形，另一个相似之处就是八条轨道几乎处于同一平面。把地球轨道的平面（也称为黄道平面）作为基准平面，水星的轨道倾斜角最大，虽然只有7度。

太阳和地球的平均距离是1.5亿千米，相当于1个天文单位（AU），这个数字容易记忆，也便于测量。按照此，水星离太阳

1　“偏心率”是这本书中会经常提到的一个术语。数学定义很复杂，你只需要知道，它是用0和1之间的数字表示轨道偏离圆的程度，0是完全圆的，而1是轨道天体逃逸的最大拉伸程度。

的距离为 0.4 AU，金星 0.7 AU，火星 1.5 AU，木星 5 AU，土星 10 AU，天王星 19 AU，海王星 30 AU。

那么，这些太空星体最后到哪里去了呢？科幻电影里，它们常常漫无目的地四处漂流，但实际上它们犹如行星，严格按照既定的轨道运动。大部分小行星分布在火星和木星之间的小行星带，而彗星——至少那些经常出现的彗星，大部分时间都待在海王星轨道之外的柯伊伯带（Kuiper belt）。

如果到这里，故事就结束了的话，就没什么好担心的了。彗星和小行星永远不会靠近地球，构成威胁。但是从发现的陨石坑来看，它们偶尔也会构成威胁。如果它们在类似行星轨道上运行的话，是如何对地球构成威胁的呢？为了回答这个问题，我们有必要研究一下轨道的运作方式。

天体力学

“天体力学”是拉普拉斯自己杜撰的术语，同时也是他另一本书的书名，指应用牛顿的万有引力定律来研究太阳系天体的运动。

提到拉普拉斯关于天体力学的书，有一个经常被提到的轶事，你们可能曾听说过。牛顿首次运用引力定律解释太阳系时，得到的答案是不稳定的，因此牛顿提出，为了避免天体被摔成碎片，上帝偶尔也会干预。然而，拉普拉斯利用严密的数学运算却证明太阳系本身就是稳定的。拿破仑问拉普拉斯，为什么书中没有提及牛顿的“上帝干预理论”，拉普拉斯回答：“我不需要这个假说。”拉普拉斯只是想表明他不需要借助上帝来解释太阳系的稳定性，但他的话语却常常用来作为“科学傲慢”的例子。毕竟，拉普拉斯用数学否定了上帝的存在。

事实上，拉普拉斯所做的不过是进一步证明了牛顿的观点，即太阳系的运作是因为引力的作用。引力来自质量，太阳系 99.8% 的质量聚集在它的中心——太阳，形成了一个强大的引力势井，可以将任何物体吸进去。如果一个天体的切向速度为零，即与朝向太阳的方向形成直角的方向上运动速度为零，它肯定会直接被吸入太阳。当然，太阳系已经有数十亿年了，任何符合标准的天体早已被吸进去了。剩下天体做的切向运动比较明显，才能不落入太阳中。星体仍然被太阳的引力牵引着，但是这个力和它切向速度的结合使它在一个闭合轨道内绕太阳旋转。

在这样的情形下，轨道基本都是椭圆形。实际上，这是一个拉长了的圆形，圆形本质上是椭圆偏心率为零的特殊情况。在圆形轨道上，天体总是做圆周运动，没有朝向太阳或背离太阳的速度分量。一般情况下，在一个非圆形椭圆轨道上有两个点：离太阳最远的点——远日点（aphelion）和离太阳最近的点——近日点（perihelion）。我们尽可能避免使用术语，不过这两个术语需要反复提及。

为了更好地接受这两个多音节的希腊词，这里有一个趣闻。如果单独看到“aphelion”这个单词，却不明白意思，可以将“p”和“h”连读作“f”。如果看到它和“perihelion”放在一起，很明显其中的“-helion”是一个后缀，意为“太阳”，“ap-”是前缀，意为“远离”。你可以把它分为两个部分，单独发音，“ap-helion”。天文学家就是这样发音的，但事实上这种方式是错误的。根据大部分的字典，正确的发音是第一种，应该是“afelion”。

根据牛顿万有引力定律，太阳系中的闭合轨道总是椭圆形，而不是其他的形状。牛顿做的只是在现有基础上提供理论解释。在牛顿出生的 30 年前，也就是 1609 年，德国的天文学家约翰尼斯·开普勒（Johannes Kepler）已推算出行星都是沿着椭圆轨道围绕太阳运动的，这是开普勒行星运动三大定律中的第一定律。

这听起来虽有点复杂，但非常有见地。椭圆轨道是由 5 个参数定义的，它们被称为轨道要素，即近日点距离、偏心率、黄道平面倾斜角、到近日点的角方向（相当于天文学的经度）、轨道与黄道平面的交点。只要有少量测量数据，就可以通过数学计算精确地推算出整个轨道。

开普勒的第二定律讲的是行星在靠近近日点时速度快于远日点。这个定律可不是一个模糊的论断，开普勒将其量化为“行星在相等的时间间隔内扫过相等的面积”。第三定律讲的是对于较长的轨道，完成一次轨道公转所需的时间更长。这似乎是不言而喻的，但开普勒又将其精确到严密的数学运算，天生神经质的读者请忽略：轨道周期的平方与近日点和远日点的平均距离的立方成正比。

这样复杂的运算听起来没有必要，但天文学家却可以运用这个定律准确预测出行星的运动。实际上，如果太阳系只有一颗行星，开普勒定律给出的答案会更加精确。对众多的行星来说，这也是一个不错的估算方法。但如果想要一个精确的答案，可以参考牛顿的万有引力定律。

开普勒定律是一项非凡的成就，因为他仅仅用试错法推算出来，即根据观察测试不同的数学模型，直到找到合适的那一个。与之不同，牛顿以及后来大部分科学家都是用一个基本物理理论来指导。实际上，在开普勒提出这些定律之前，他曾花费大量时间用形而上学的理念来解释太阳系，如柏拉图立体（让哲学家柏拉图着迷的规则形状）和所谓的“星球音乐”（music of the spheres）。

尽管开普勒定律被称为行星运行定律，但同样适用于围绕太阳转动的任何事物，包括小行星和彗星，甚至还有埃隆·马斯克（Elon Musk）的午夜樱桃红特斯拉探路者跑车，这赋予了天体力学新的内涵。2018 年 2 月，马斯克的太空探索技术公司将重型猎鹰运载火箭送上太空，他们想向潜在客户证明，该火箭有能力将有效载荷发送到地球轨道之外。他们用了那位 CEO 开了十年的小汽车。哪位 CEO 呢？当然是特斯拉汽车公司的 CEO。这无疑是太阳系最壮观的一次广告秀。

最初的想法是把汽车送到火星的轨道，而不是火星本身。汽车到达火星轨道时，火星将处于轨道的另一点。你们可能认为这需要向外瞄准，火星是远离太阳的下一个行星。事实证明，以精确的角度、准确的方向发射更容易一些：与地球轨道相切，与行星围绕太阳公转的方向相同。地球以每年公转一圈的速度运行，大约 30 千米 / 秒。朝同一个方向发射，这个宇宙飞船将免费获得，不对，是这辆汽车获得了巨大的速度。加上重型猎鹰提供的助推力，特斯拉汽车最终进入了比地球能量更高的轨道。

发射时，特斯拉沿着太阳做切线运动，那一点就是新轨道的近日点。然而由于它的高能量，它可以挣脱太阳的引力，爬升到更远的远日点。按照计划，远日点预计在火星轨道的某处。

说实话，太空探索技术公司不用费心去命中某个特殊的远日点。这仅是一个测试，他们尽可能地为汽车提供很多助力。结果发现，这已经超出了火星轨道需要的速度，汽车到达火星轨道时，还有许多向外的速度。动量让斯特拉跑车继续驶向小行星带的内边缘，如下图所示。

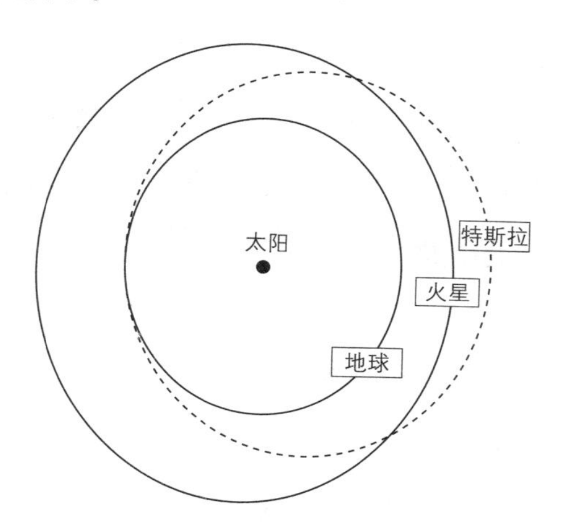

埃隆·马斯克的午夜樱桃红特斯拉探路者跑车相对于地球和火星大致的轨道

以上的讨论似乎有点跑题了，但事实并非如此。如果从地球上发射一个能量过剩的物体能够在小行星带产生远日点，那么反过来又会怎样呢？如果在小行星带的物体由于某种原因失去能量，例如与另一个小行星引力相撞，近日点可能降低到能与地球发生碰撞的危险程度。因此我们有必要花时间了解类小行星轨道。

太空害虫

在开普勒的时代，人们仅发现了前六个星球，根据离太阳的距离，用天文单位（AU）表示，分别是0.4、0.7、1、1.5、5和

10。让人恼火的是，序列中 1.5（火星）直接跳到 5（木星）。按照相邻序列的比率，它比其他的数字大很多。因此，开普勒相信一定有某个未被发现的行星，来填补这个序列中的这个空白。其他天文学家对此表示赞同。之后，人们齐心协力寻找遗失的星球，在离太阳 19 AU 的位置发现了天王星，从而证实了这个序列。

1800 年，20 多个天文学家组成了一个松散的联盟，他们称自己为“天体警察”，积极拥护开普勒定律。与大部分警察不同，他们寻找的是那些遵守定律的“嫌疑犯”。虽然与预期不同，他们还是找到一个。那不是一颗孤立的星球，而是介于火星和木星之间，由大量次行星充斥着的间隔：小行星带。

里面最大的小行星就是谷神星，现被归为“矮行星”。第二大是灶神星，它是第四颗被发现的小行星。事实上由于光的晕染，它还是最亮的小行星。如果你知道它的具体位置和观看时间，甚至肉眼都可以看到。但从地球上看去，它只是一个类似恒星的光点。即使使用哈勃太空望远镜，灶神星也是一个微小的，几乎毫无特征的模糊物体。

小行星的数量比它们的大小更引人注目。整个 19 世纪，天文学家不断地发现新的小行星，甚至不去找小行星，小行星也会自己冒出来。慢慢地，情况变得越来越糟糕，于是他们开始把小行星称作“太空害虫”。1912 年，美国天文学家乔尔·梅特卡夫

（Joel Metcalf）抱怨道：

> 以前，发现太阳系的新成员被称赞为对知识的贡献，最近这几乎被视为一种犯罪。

目前，直径超过 1 千米的小行星总数估计高达 200 万颗。这听起来很多，但记住它们非常小。小行星带的总质量也只有月球的 4%，如果不算谷神星，甚至不到 3%。虽然开普勒预测火星和木星之间有一个行星，但这些小行星质量轻，没有足够的引力拉在一起形成一个独立的行星。

小行星带位于距离太阳 2 AU 至 3.5 AU 的区域内，即超出火星到太阳距离的三分之一至木星到太阳距离的三分之二。大部分行星带的小行星按照近圆形的轨道运行，比如谷神星和灶神星。二者偏心率都小于 0.1，但轨道倾斜角比行星大一些。灶神星与黄道平面的倾斜角与水星一样，都是 7 度，谷神星为 10 度，其他的有些高达 30 度。

与太阳系内大多数小行星一样，小行星带的小行星主要是石头，但越往外，太阳系越冰冷。这很容易理解，因为离太阳越远，温度越低。不过，有一个小问题，天文学家用的这个词“冰”与一般意义上的“冰”不同。在天文学家眼里，“冰”不仅仅指水结成的冰，尽管那也是很重要的一个部分，而且还指以冰冻形态存在于外太阳系中的任何物质，这些物质在靠近太阳时会融化或蒸发，如甲烷、氨、二氧化碳和碳氢化合物。这些化学物质进入木星轨道内就逐渐挥发，但在海王星之外的柯伊伯带就会以冰的形态存在。

柯伊伯带是以荷兰裔美国天文学家杰拉德·柯伊伯（Gerard Kuiper）命名。它很大，比熟悉的海王星轨道内太阳系的部分都还要大。太阳系占据的区域是 0 到 30 AU，而柯伊伯带是 30 AU 到至少 100 AU。如果你拿一张空白 CD 或 DVD 放在灯光下，它的大部分都是不透明的，但你可以从中间看过去，因为中间有一个洞，这个洞周围还有一个叫作堆叠环的透明塑料区域。这个环的边缘稍微有些突出。如果这个环的边缘代表的是海王星轨道，那么其他所有的行星都可以在这个透明的区域找到。而这张光碟剩下的区域，包括所有重要的数据区，就是柯伊伯带。

与小行星带相似，柯伊伯带是由许多较小天体组成的。柯伊伯带区域极大，小天体的数量不止数百万，可能有数十亿之多。柯伊伯带中，有些天体很大，地球上通过望远镜就可以看到，包括著名的矮行星——冥王星，其体积大约是谷神星的 2 倍多。大部分柯伊伯带天体比较小，大小和形状与小行星差不多，有趣的是成分也差不多，都包含“冰”（天文学意义上）和岩石。

柯伊伯带的内部相对稳定，所有天体都以近圆形轨道有规律地绕转。外圈，就是光碟的离散盘，规律性要弱一些。这一点非常重要，因为这个区域的一点点引力扰动都会让天体撞到深深的俯冲轨道，进入到太阳系内部。在我们看来，到达太阳系时，它们就像是彗星。因为太阳的热量，易挥发物体会汽化，形成可见的、标志性的彗尾。

柯伊伯带被视为彗星的诞生地，这样的想法在20世纪逐渐形成。柯伊伯本人在20世纪50年代写过相关的文章，内容相当随意，因为他是对这个问题有贡献的仅有的几人之一。在柯伊伯的时代，这一切都是纯属猜测。直到20世纪90年代，第一个柯伊伯带天体（冥王星除外）的发现，才为柯伊伯带设想打下了坚实的基础。

与小行星带一样，柯伊伯带靠近太阳系的中心平面带，形状看起来像一个厚厚的甜甜圈。因此从柯伊伯带来的彗星，轨道倾斜角比较小，经常被带到太阳系内部，所以得名"短周期彗星"。以恩克彗星（Enke）为例，它的周期非常短，只有3.3年，相当于远日点在小行星带的轨道周期。它由冰物质组成，轨道偏心率较高，达到0.85，因此它是一颗彗星，而不是小行星。

遗憾的是，大部分短周期彗星围绕太阳公转很多次，大部分易挥发物质已散发，看起来并不十分壮观。比如恩克彗星，必须用望远镜才能看见。另外一个最亮、也最出名的短周期彗星是哈雷彗星。它的运行轨道更长，偏心率为0.97，远日点在柯伊伯带外的 35 AU。轨道倾斜角较高，达到 18 度，也可以说 162 度（180 减 18）。因为大多数行星绕太阳公转是同一方向，而哈雷彗星却是逆行的。上一章提过，其轨道周期是 76 年。

问题是，如果 76 年是短周期，那么长周期又是多久呢？

神奇的访客

与行星和小行星类似，短周期彗星的运动轨迹也是可预测的，如哈雷和恩克。只要以前见过，便可推断出下一次出现的时间。然而，另一些彗星的运动轨迹却完全出乎意料。出现过一次，便一去不复返。你可能已经猜到，这类彗星就是长周期彗星，其远日点远远超出柯伊伯带，公转周期达数千年。

短周期彗星和长周期彗星之间的区别还不止于此。由于绕日运动次数少，长周期彗星对于我们而言更新鲜、新奇一些，因更易挥发，彗尾十分壮观。最亮的长周期彗星不仅能照亮整个夜空，某些情况下甚至白天也可见，因此得名“大彗星”。一个世纪通常只有一两颗大彗星，最近的一颗就是 1977 年发现的海尔-波普彗星。这颗彗星十分特别，一个轨道周期为 2 500 年，远日点为 370 AU。如果阅读时一带而过，可能觉得周期不是特别长，但你得明白，一个天文单位相当于 1.5 亿千米。

上一章提到过，彗星乃不祥之兆的迷信思想一直盛行。令人遗憾的是，海尔-波普彗星却极为巧合地印证了这种说法，即彗星出现预示着地球悲剧的上演。因预测彗星即将到来，称为“天堂之门”的 39 名加利福尼亚州邪教徒集体自杀。世界末日引发的恐慌虽不常有，但还有更令人匪夷所思的，正如大卫·巴瑞特（David Barrett）在其著作《新信徒》中描述道：

> 1997 年 3 月，当海尔-波普彗星接近地球时，当时图片显示它的彗尾有一个小圆点，有人便谎称是外星人的飞船追随彗星之后。通过所谓的“科学遥视”，两个人分别声称已经与飞船上的外星人取得了联系，说外星人都挺友善的。“天堂之门”的教徒录了一段录像来表达喜悦之情，说宇宙飞船来接他们，这样他们就能脱离世俗的躯壳。在录像中，他们面容安详，虽临近死亡却没有表露出任何担忧、恐惧和悲伤的神情。

毫无疑问，宇宙飞船是子虚乌有的，海尔-波普彗星也只不过是一颗普通的长周期彗星。这些彗星的一大特色就是轨道周期相当长，这与大家熟知太阳系中的天体不同。此外，长周期彗星的轨道倾斜角也没有任何规律可循。例如，海尔-波普彗星的轨道面就曾与黄道平面形成近乎 90 度的斜角。

短周期彗星来源于环形的柯伊伯带，长周期彗星则来源于包围着太阳系的一个距离更远的球体云团，叫作奥尔特云（Oort

Cloud），位于 2 000 AU 至 100 000 AU 的区域。它的存在只是一个假设，因为我们无法直接观察到奥尔特云。人们普遍认为奥尔特云是由几万亿个彗星构成的，这些彗星在此区域以近圆形的轨道运动。由于距离太阳比较远，受太阳引力影响比较小，但它还受到其他恒星引力的影响，因此一些彗星还是很可能被撞到偏心轨道，落入太阳系内部，这就是我们看到的长周期彗星。

与柯伊伯带不同，奥尔特云这个名字名副其实，不愧为奥尔特“云”。1950 年，荷兰天文学家简·奥尔特（Jan Oort）首次在一篇论文中进行了描述，这个描述目前仍然比较接近人们对奥尔特云的认识。

> 从大量观测到的原始轨道来看，“新”长周期彗星通常位于 50 000 AU 至 150 000 AU 的区域。太阳周围一定环绕着一团半径为这个数量级的彗星云团，其中大约有 100 亿颗可观测到的大大小小的彗星。据估计，这团彗星云团的总质量为地球质量的 1/100 ~ 1/10。在恒星的作用下，新的彗星不断从云层被带到太阳附近。

任何物体从奥尔特云、柯伊伯带或小行星带进入太阳附近的轨道，必定经过地球的轨道，这就大大增加了撞击的风险，因此我们很可能会被撞上。

3

撞击路线

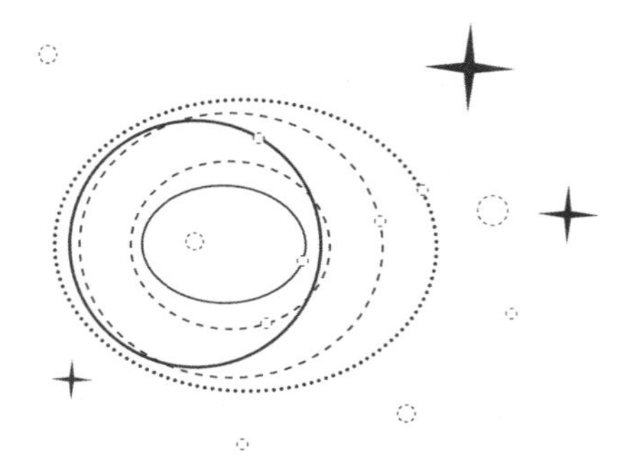

▶▶▶

> 电影《帝国反击战》中，机器人 C-3PO 说道："先生，在小行星场成功导航的可能性约 1/3 720。"

科幻小说中，太空岩石被描绘成密密麻麻聚在一起的石头，移动方式随意且不可预测，因此太空旅行时，与小行星相撞是常见的危险。其实，真实的小行星带并不是这样。一个非常看重科学严谨性的作者，艾萨克·阿西莫夫（Isaac Asimov），觉得小行星撞击很有趣，甚至把它写入了 1939 年发表的第一篇小说《逃离灶神星》（*Marooned off Vesta*）中。故事中的一个人物声称，"撞击小行星是极其危险的行为"，另一人说"我们应该在黄道平面外设计一条路线来避开小行星带"。

事实上，这完全没有必要，穿越小行星带的风险很小。虽然天空中有很多小行星，甚至数以百万，但它们分布在浩瀚太空中。如同分布在一个边长约为 5 亿千米的立方体里，这给每一颗小行星巨大的空间。正如小行星专家加拉切（Galache）所说：

> 每颗小行星都在一个边长均约 515 000 千米的立方体中，这就是小行星之间的平均距离。

此外，人们对小行星带较大天体的轨道比较了解，不太专业的太空旅行者都可以画出一条避开的路线。现实世界中，至少有

8 艘宇宙飞船穿过小行星带，且毫发无损。你可能会想到，如果以一定速度行驶，即使只被一个小行星大小的物体撞击就可能造成极大的破坏。

幸存的秘诀是飞行速度不能太快，花一年左右就能通过危险区。从天文学的角度来说，那只是一眨眼的工夫。如果宇宙飞船要连续几个世纪坐在那里等着被撞，就另当别论了。但这就是我们地球现在的处境。

危险的轨道

一个太空物体若要对地球造成危害，就必须绕太阳运行，穿越地球轨道。用数值表示的话，就是远日点需大于 1 AU 和近日点小于 1 AU。许多彗星都是如此，如哈雷彗星、恩克彗星和海尔-波普彗星，以及成千上万的小行星。

近年来，我们才发现越地小行星（Earth-crossing asteroid）。19 世纪的天文学家们称它们是“太空害虫”。但它们并不是一种物理威胁，只是妨碍了一些重要的太空观察。1932 年开始，这种情况有所改观。小行星带中发现了一颗远日点为 2.3 AU，近日点为 0.65 AU 的在地球轨道内的小行星，被命名为阿波罗（Apollo），与其他在相似轨道的小行星统称为“阿波罗小行星”。虽然这只是一个称呼，但很容易与登陆月球的阿波罗计划混淆。其实，二者没有任何联系。几十年来，小行星家族第一次获得了优先权。

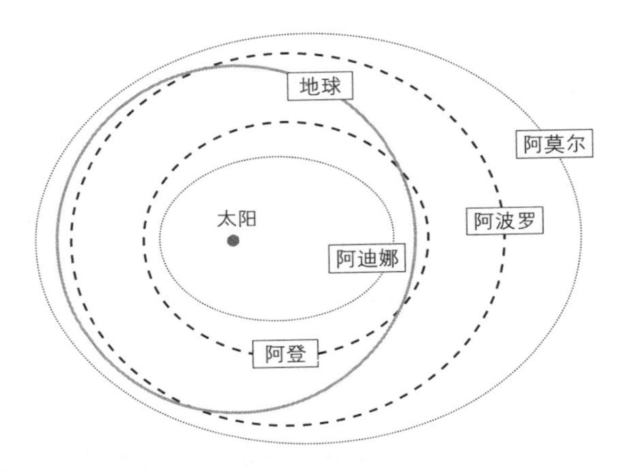

近地小行星的类型。粗虚线表示两种越地类型，细虚线表示两种非越地类型。

上一章中开普勒第二定律提到，天体在轨道近日点的移动速度比在远日点更快。这意味着像阿波罗这样的小行星大部分时间都在地球轨道之外，以相对悠闲的速度移动，当进入地球轨道之后，极短时间内以更快的速度疾驰，彗星也是如此。此外，根据开普勒的第三定律，完成一次较大的轨道公转的时间比较小的轨道所需的时间更长，因此阿波罗小行星具有另一个特点：它们需要一年多才能绕太阳一圈。

还有一类越地小行星绕太阳运行的轨道比地球小，能在不到一年时间内完成公转。与地球轨道相比，它们的轨道更椭圆，所以能穿越地球轨道，虽然它们与太阳的距离只是一个天文单位的很小部分。1976 年埃莉诺·赫琳发现了第一颗这类型的小行星，近日点为 0.8 AU，远日点为 1.1 AU。这是她对近地天体系统研究的一部分，赫琳据此把这颗小行星命名为阿登（Aten）。

你可能记得上一章中也提到过埃莉诺·赫琳，是她重新发现了威尔逊·哈林顿彗星，并认为它也是一颗行星。阿登和威尔逊·哈林顿只是行星猎人世界中的冰山一角。然而赫琳是小行星猎人中最杰出的一位，一共发现了 900 多颗行星。除了阿登，1978 年 9 月她还发现了类似阿登的第二颗小行星。恰好在当月，以色列和埃及签署了戴维营和平协议，为了纪念该事件，赫琳给它取了一个特殊的名字——拉沙洛姆（Ra-Shalom）。“拉”是古埃及太阳神，而“沙洛姆”是希伯来语，意思是和平。

小行星的名字中，拉沙洛姆是最具想象力的一个。但是，有些人喜欢把一些行星的名字缩写成首字母，如阿登（以及以它命名的整个一类行星）与阿波罗行星开头的字母就完全相同。更糟的是，另外两类近地小行星不经过地球轨道，但离地球很近，在未来可能存在潜在的碰撞风险，而这些小行星群也是以 A 开头的。

阿莫尔型小行星（Amor-type asteroid）总是位于地球轨道之外，近日点离地球不到 0.3 AU。阿莫尔这样的天体，第一次发现是在 1932 年，与阿波罗同年。而阿波罗的近日点是 1.1 AU，远日点在小行星带 2.8 AU 的位置。

长时间以来，我们知道的小行星只有阿波罗型、阿登型和阿莫尔型。然而，从逻辑上讲，应该有另一种类型的近地小行星，它们会一直待在地球轨道内。但问题是，它们往往靠近天空中的太阳，本质上很难看到。直到 2003 年，人们才第一次发现这样的天体，近日点为 0.5 AU，远日点在地球轨道内 0.98 AU。按照既定规则，这类小行星的名字以 A 开头，叫作阿迪娜（Atira），这也是这类小行星的名字。

当然，即使两个天体在交叉轨道上运行，发生相撞的可能性也不是十分大。它们必须在相同的时间处于相同的位置。就像宇宙飞船穿越小行星带一样，天文距离的尺度也可以用来帮助解释。一年内，地球以 30 千米 / 秒的速度大约运行 9.4 亿千米，这个距离几乎是自身直径的 7.5 万倍。这意味着小行星和地球轨道即使相交，也可能失之交臂，不会相撞。连非常接近的、非撞击性的相遇都是一件稀奇的事，很多天文学家想看到这样的事，但他们不得不失望了。

当然，这样近距离的相遇，人人都想一睹为快，哈雷彗星则帮我们实现了这个梦想。它大约在每个人的一生中绕一圈，究竟是近距离，还是远距离，取决于彗星到达时地球在轨道的位置。

现在，你可能认为计算出地球在轨道上的位置是一个技术难题，只有完全合格的天体力学家才行，但实际上，它就跟日历日期一样简单。

根据研究，哈雷彗星的轨道应在5月和10月与地球轨道相交。这意味着，如果它恰好在接近其中一个月的时候到达，你就可以很好地观察它，而在其他时候，可能就不太清楚了。下图中可以看出，彗星过去五次造访，到达近日点时地球的位置。1682年9月，位置非常地接近，哈雷刚好目睹了这一幕。而后在1835年11月和1910年4月，位置也很接近。然而，1759年3月，哈雷彗星离我们较远，而真正遥远是在1986年2月的那次，可能只有读过这本书的人才能记住。

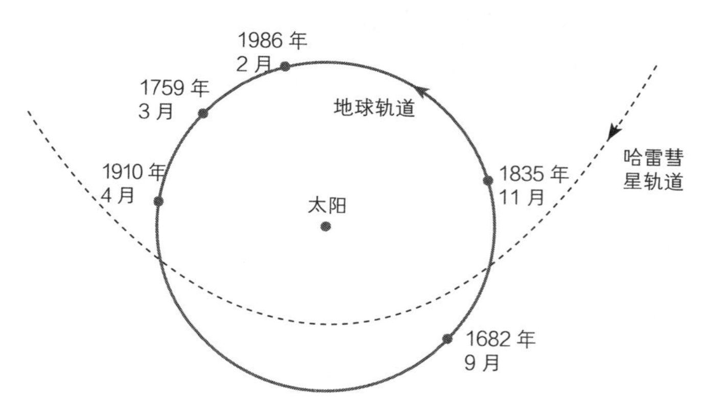

哈雷彗星在近日点时地球的位置

天体碰撞的可能性比看起来要小，还有另一个原因。地球轨道的平面，称为黄道平面，距离太阳系的赤道面不到1度，但大多数彗星和小行星的运行轨道明显倾斜。例如，哈雷彗星倾斜角为18度，即使穿过地球轨道，也不会造成严重的威胁。在进入轨道时哈雷彗星远高于我们的轨道平面，在离开轨道时远低于轨道平面。

我们可以用MOID（最小轨道交汇距离）来界定近地天体。从几何角度考虑，天体无法再靠更近了。哈雷彗星的MOID为1 000万千米，阿波罗彗星为400万千米，阿登彗星为1 700万千米。地球到月球的距离大约是40万千米，相比之下，这些距离都相当安全，保证天体可以相互错过。

这是否意味着我们可以从碰撞危险列表中将所有非零MOID的天体删除呢？遗憾的是，答案是否定的，因为轨道可以改变。

改变规则

物理学有一个不为人知的秘密，大多数科普书都不告诉你。他们会说，所有的轨道都遵循牛顿的引力定律，但这个定律本身并不像听起来那么有用。这只是一个理论，如果将该理论付诸实践，会带来物理学中一些最棘手的问题。用数学术语来说，你必须先对牛顿方程进行积分[1]，才能实际应用。如果只有一颗行星围绕着一颗恒星运行，那就不是问题，在这种情况下，牛顿方程可以被精确地计算，而答案就是开普勒的三个运动定律。事实上，我们已经知道了。

在前两个天体的基础上，如果我们继续增加第三个天体，问题就开始出现了。这听起来可能不是大问题，尤其是如果第三个天体比前两个小得多。但其实问题很大，这将直接导致所得方程不能被积分。这不能用一般方法归纳，牛顿做不到，拉普拉斯做不到，我们今天仍然做不到。

因为你永远不知道会发生什么，所以唯一的方法是根据具体情况来处理这些方程。许多人都听说过混沌理论，指一些复杂的系统，如地球上的气候模式，对最微小的变化非常敏感。但事实上，你不需要依赖一个复杂的系统来认识这类事情。早在 19 世纪 80 年代，法国数学家亨利·波因卡（Henri Poincaré）在引力三体问题的解决方案中发现了类似的情况。更糟糕的是，他提出的一些轨道甚至不是周期性的；在这个轨道上看到一个天体，却无法预知下一个轨道上的位置。正如伊恩·斯图尔特（Ian Stewart）在

1 积分是一种数学运算，例如，它可以根据物体的速度计算出物体在既定时间内的移动距离。

《上帝玩骰子吗》（*Does God Play Dice*）书中所写：

> 人类世界中，两人相伴，三人离婚。同样道理，天体力学中，两个和睦相处，三个却充斥着灾难。

如果三个天体像地球、月球和太阳一样，彼此保持比较恒定的距离，情况就比较乐观，因为开普勒轨道上只有微小的干扰。但轨道的偏心率越大，情况就越复杂。例如，阿波罗小行星的近日点位于地球附近，远日点朝向木星，木星的引力会导致小行星轨道的逐渐变化。1979 年，天体物理学家格雷戈里・本福德（Gregory Benford）与威廉・罗茨勒（William Rotsler）合著的小说《湿婆降临》（*Shiva Descending*），描写的正是这种变化引发的灾难。“湿婆”是一个虚构的阿波罗小行星。原本轨道倾斜角比较高，对地球没有威胁，没有引起人们的注意。然而，多年之后，它的轨道慢慢地向下倾斜，直到 MOID 为零，这样湿婆就可能与地球发生碰撞。

有了彗星，情况就更糟糕了。当它们从柯伊伯带或更远的地方坠落时，高度拉长的轨道会让它们非常靠近木星，或是其他巨大外行星中的一个。这种情况下，轨道的变化不是渐进的，而会立即发生变化。这有点类似航天器产生的“引力弹弓”（gravitational slingshot）效应，正式的术语叫作引力辅助操控，它可以用来改变航天器的方向，甚至可以将能量传递给航天器，更快地提升速度。这项技术最早是20世纪60年代一位名叫迈克尔·米诺维奇（Michael Minovitch）的数学专业学生提出的。后来在20世纪70年代被美国国家航空航天局（National Aeronautics and Space Administration，NASA）应用到先锋号和航海号探测器中。美国国家航空航天局的公关人员设法用棒球做类比来解释整件事情：

> 假设，一个球快速飞向击球手。棒球好比宇宙飞船。击球手所做的，就是用他或她能集中的所有力量挥动球棒。运动中的球棒就像一颗巨大的行星，如木星。球棒接触到球的瞬间，球从球棒中获得力量，加快速度朝着另外的方向飞出了体育场。

正常情况下，彗星的轨道也是一样的。这种情况下，影响无法预估，彗星的能量可能增加或减少。在我们看来，这是一件坏事，因为彗星会被推向太阳系内部。海尔-波普彗星就发生过类似的事。1997年，它非常接近木星。“接近”的意思是距离大约1亿千米，相当于木星与其最外层卫星间距的四倍。这次相遇对海尔-波普的轨道产生了重大的影响，远日点从500 AU缩至370 AU。该彗星的上一次回归是4 200年前，下一次出现将是2 500年后。

好吧，这并不是引起恐慌的直接原因，但是与木星相遇也会影响短周期彗星。继哈雷彗星之后，最著名的可能是67P/楚留莫夫-格拉希门克彗星（67P/Churyumov-Gerasimenko），也就是2014年发射的太空探测船“罗塞塔”携带的探测器“菲莱”成功登陆的那颗彗星。两个世纪前，没有人知道它，因为它从未到过地球附近。其近日点约为4 AU，刚好在木星轨道内。从那时候起，受引力的作用，67P/楚留莫夫-格拉希门克彗星与木星一次次相遇，近日点逐渐减少，如今已经下降到1.2 AU，因为近地天体的界定是1.3 AU，它也因此正式成为一颗近地天体。

对于航天器，使用引力辅助操控是一个额外的选择，常规的方法是使用火箭推进器，从一个轨道推到另一个轨道。这运用了牛顿定律中的另一条，作用力和反作用力刚好大小相等，方向相反。用火箭排气管向一个方向喷射物质可以对航天器产生相反方向的力，而推力的方向可以决定到底是加速、减速，还是改变方向。但小行星不能这样，因为它们只是块石头。彗星呢？它们最突出的特点是当接近太阳系内部时，会以尘埃和挥发物的形式喷射物质，从而产生作用力，就像一个小型火箭发动机。

最臭名昭著的“火箭动力”彗星由美国天文学家路易斯·斯威夫特（Lewis Swift）和霍勒斯·塔特尔（Horace Tuttle）在1862年发现。南非的观察家们注意到，彗星出现时，轨道上有一个奇怪的横向漂移，这与牛顿引力定律不符。不久之后，法国天文学家发现了从彗星侧面喷出的物质，正好与彗星的异常变化相关。

正如格瑞特·范楚尔（Gerrit Verschuur）在1996年出版的书《影响力》（*Impact!*）中写道：“用太空时代的术语来说，这些小的喷发可以中途修正运动的方向。”

这不仅仅出于学术上的兴趣，因为斯威夫特–塔特尔（Swift-Tuttle）彗星正沿着一条有潜在危险的轨道运行，它的近日点在地球轨道内。远日点位于50 AU的柯伊伯带，周期大约130年，比哈雷彗星的周期更长，这意味着直到1992年通过下一次近日点之前，它才会被看到。初步观察后对轨道情况作出了估算，有好消息，也有坏消息。好消息是：斯威夫特–塔特尔彗星这次不会撞到地球。坏消息是：有一个很小但非零的概率，它可能会撞到地球或月球，时间是2126年。

幸运的是，彗星内置的火箭动力解决了这个问题。接下来的几个月里，随着它离太阳越来越近，出现了新的喷射。与1862年一样，轨道再次改变，2126年不再有碰撞的可能。正如《纽约时报》所说：“世界末日推迟了一千年左右，至少就斯威夫特–塔特尔彗星而言。”

人造空间危害

太空时代，坠落的太空硬件给我们带来了一种全新的危险。如果没有大气阻力，地球轨道上的人造天体将永远地留在那里。

大多数卫星运行的高度比较低，进入大气层后速度减慢，最终落回地球，而小卫星在重返大气层时会被烧毁，因此真正的危险往往来自较大的人造天体。通常的操作程序是进行一次受控的脱轨操作，降落在一个指定的“航天器墓地”，即太平洋中距离最近陆地 2 000 多千米的某处。以这种方式处理的最大的人造天体是俄罗斯的和平号空间站。2001 年 3 月它被有意移出轨道。它长 30 米，重 130 吨，如果在失控状况下撞击地球，后果不堪设想。

并不是所有的航天器都会按计划重返大气层。最严重的事故发生在 1978 年 1 月，当时是苏联。一颗名叫宇宙 954 的间谍卫星，在加拿大西北部发生了故障，坠落到不该坠落的地方。原本重量不到 4 吨，跟和平号空间站根本不是一个级别的，但它的动力来自一个核反应堆，其中含有 50 千克裂变铀，因此造成了重大危险。这次撞击后，放射性碎片扩散到数千平方千米，成为历史上最危险的太空撞击之一。

彗星碎片

彗星经过太阳时会喷射物质，但物质都去哪儿了？按照开普勒定律，喷射出的粒子轨道应与彗星轨道相似，但并不完全相同，因为粒子以不同的速度朝不同的方向喷射，这一点有助于我们理解彗星尾部的运作原理。

从下图可以看出，彗星实际上有两个独立尾部，尘埃尾和气体尾，二者运作机制完全不同。尘埃尾反射光，更容易被看到。与之不同，气体尾不是真的气体，但是它的一部分是离子的，就像霓虹灯内的气体一样，可以自己发光。

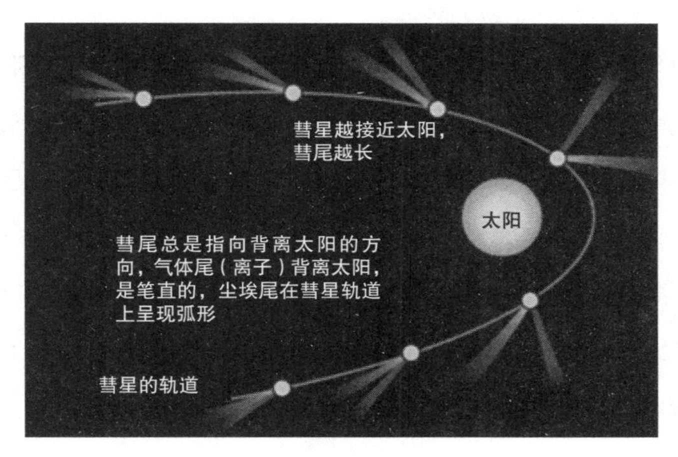

彗星尾部的示意图

美国国家航空航天局图片

你可能以为彗星在太空中移动时，尾巴总是拖在后面。事实上，彗尾总是指向背离太阳的方向，即使是在向外移动的航道上，也会指向背离太阳的方向。正如卡尔·萨根和安·德鲁扬解释的那样：

> 彗尾不像晴空万里骑自行车从山上滑行下来，身后飘逸的长发，更像是有风的日子里，工业烟囱里飘出的废气。决

定彗尾方向的不是穿过彗尾的抵抗气体，而更像是太阳风。

“太阳风”由一股带电粒子流组成，主要是质子和电子，它们不断地从太阳高速流出。速度很快，约为 400 千米 / 秒。相比之下，绕地球运行的卫星速度仅为 8 千米 / 秒，地球绕太阳的运行速度也仅为 30 千米 / 秒。

20 世纪 50 年代，人们才认识到太阳风的存在。直到那时，天文学家都一直不明白为什么彗星的尾部总是指向背离太阳的方向。早期的解释是，受辐射压力，彗尾被推离太阳——这是苏格兰物理学家詹姆斯 · 克拉克 · 马克斯韦尔（James Clerk Maxwell）在 19 世纪预测到的一种现象。太阳光本身有一个很小但可以感知的动量，会对与之接触的任何东西施加微小的压力。事实上，辐射压力确实对彗尾的行为起到一定的作用，但比起太阳风，还微不足道。

尘埃尾离开彗星时，构成的粒子在各自轨道上运行，速度略有不同，从而形成了一个渐近曲线。由于电离气体要轻得多，受太阳风的影响比引力更大，所以气体尾保持笔直。

至少有一次，气体尾引发了人们另一种与彗星相关的恐慌。据预测，1910 年哈雷彗星出现时，地球将直接穿过彗尾。尽管离彗星 2 000 万千米，没有多大的问题，但光谱观察表明，彗尾存在一种叫作氰的化学物质，顾名思义，这与剧毒氰化物密切相关。

大众媒体稍微地宣传造势，全世界都笼罩在恐慌之中。教堂开始举行祈祷守夜，投机家趁机出售反彗星药片，从中获利。

让人费解的是，除了小报鼓吹这种错误观念，法国天文学家和科学普及者卡米尔·弗拉马里恩（Camille Flammarion）也加入了这一行列中。正如《纽约时报》当时报道的那样，“弗拉马里恩教授认为，氰气会渗入大气，可能会扼杀地球上的所有生命”，并补充道，“虽然大多数天文学家不同意弗拉马里恩的观点”。实际上，地球并没有穿过彗尾最密集的部分，即使穿过了，分散的彗星气体也不会造成任何生理上的反应。人们吸入的只是少量的氰分子，不会达到致命的剂量。

尘埃尾的粒子轨道速度略有不同，有些比彗星快，有些比彗星慢，尤其是向后喷射的。几个世纪以来，尘埃逐渐扩散到整个轨道上。粒子会横向和纵向移动，最终在太空中形成一个厚厚的管状体。某种情况下这个管状体可以与地球轨道相交，每颗彗星会有两个交点。

地球像时钟一样绕太阳有规律地运行，每经过其中的一个点，流星雨就会产生，彗星尘埃流星雨的数量突增，还会持续几天。在前面我们提过哈雷彗星的轨道，相关的流星雨应该发生在5月初和10月底，事实果真如此，总共发生了两次流星雨，分别是宝瓶座爱塔流星雨（Eta Aquariids）和猎户座流星雨

（Orionids）[1]。如果一粒流星尘埃恰好落在你的屋顶上，那么它可能是哈雷彗星的一部分。

另一个流星雨与恩克彗星相关，它在哈雷彗星之后很短时间内就产生了流星雨，分别是6月的金牛座培塔流星雨（Beta Taurids）和万圣节前后的金牛座流星雨（Taurids）。恩克彗星轨道周期短，已经绕着太阳转了很多次了，因此这个流星群包含大量的碎片。事实上，它可能是一颗大得多的彗星解体之后的残骸，恩克只是残存碎片中最大的一个。此外，还有几颗小行星，它们应该是阿波罗集团的成员，因为它们穿过地球轨道，日周期大于一年。

事实上，金牛座流星雨中包含很多物质，有些体积比较大，对我们的星球构成了巨大的威胁。例如，1908年6月在通古斯卡上空爆炸的物体很可能是金牛座培塔流星雨的一部分。开头第一章简要提过，但这还远远不够。既然我们作了这么多铺垫，现在该进入正题了。小行星或彗星撞击地球时，到底会发生什么?

1　受地球和流星雨的相对运动影响，流星雨似乎总是从天空的某个特定位置辐射出来，这也是它们得名的原因。就宝瓶座爱塔流星雨而言，辐射源位于其附近，而猎户座流星雨则位于猎户座星座内。

4

来自太空的死亡

▶▶▶

拉里·尼文（Larry Niven）和杰里·波奈尔（Jerry Pournelle）1977 年合著的小说《撒旦之锤》（*Lucifer's Hammer*）讲述了彗星撞击地球造成世界性毁灭的故事。然而，撞击之前，电影中许多角色对此不以为然。一位电视采访者说：“你告诉我，一颗彗星，甚至彗星头部基本上都是含有石头的泡沫冰，甚至冰都是冰冻的气体，这怎么会造成威胁呢？”乍一看，他们的怀疑似乎是对的。一块冰石，即使直径超过 1 千米，怎么可能对直径超过 1.2 万千米的行星构成严重威胁？大多数人在学校学过这样一个公式：物体的动能等于其质量的一半乘以其速度的平方，这就是关键。彗星携带的能量基本由速度产生，并且所有的能量在撞击的瞬间都会突然转移到地球。一个质量较小的物体乘以一个很大数字的平方，就变得非常危险。

物理学中的另一个公式告诉我们，一个物体要保持在离太阳某个距离的圆形轨道上，需要一定的速度。根据公式，得出速度为 30 千米 / 秒，地球的速度差不多是这个。然而，这种情况下，还需要一个更重要的公式，得出的速度为 42 千米 / 秒，相当于前面速度的 $\sqrt{2}$ 倍，约 1.4 倍，这是天体从太阳系的边缘向太阳坠落后，经过地球时所需的速度。换句话说，这大概是长周期彗星从奥尔特云坠落的速度。任何速度低于 42 千米 / 秒的天体都源自太阳附近的地方，而任何速度更快的天体就不会受到太阳系引力的束缚[1]。

地球的速度为 30 千米 / 秒，典型彗星的速度是 42 千米 / 秒，如果二者正面相撞，最坏的情况下，相对速度为 72 千米 / 秒。实际上，撞击可能是间接的，所以不会那么糟糕。正如《撒旦之锤》中的一个角色所说："这取决于撞击物的几何结构。我们可以认为 50 千米 / 秒是一个合理的速度吗？"

如果将 50 千米 / 秒的平方，乘以彗星质量的一半，约 10 亿吨，你将得到彗星巨大的动能。我们可以用科学家首选的能量单位焦耳，或大多数人更熟悉的单位千瓦时来计算，但数据太大了，没有任何意义。因此我们改用描述撞击能量的常用单位——兆吨（MT）TNT 当量，相当于爆炸了一百万吨 TNT 释放出的能量。

这个术语起源于冷战时期，当时大多数核武器的爆炸当量只有几百万吨。有史以来最大的一次爆炸是 1961 年苏联试爆的"沙皇炸弹"，威力为 50 兆吨（MT）TNT 当量。这是一次精心控制的试验，人们对这颗炸弹究竟可能造成多大的破坏并不了解。大

1　下一章中我们还会提及那个数字 42。熟悉《银河系漫游指南》的读者应该很容易记住它。

家熟知的核弹莫过于第二次世界大战结束时炸毁广岛和长崎的核弹，按冷战标准来说确实相当小，每枚核弹约 0.02 兆吨（MT）TNT 当量。如果你把在第二次世界大战中投下的所有非核弹加起来，总数大约是 3 兆吨（MT）TNT 当量。

与大自然相比，这些人为的爆炸微不足道。一个很好的例子就是后面提到的 1883 年差点摧毁喀拉喀托岛的火山爆发，爆炸产生了约 200 兆吨（MT）TNT 当量的能量，这足以对当地甚至全球造成影响。火山喷发将尘埃和气体喷入高层大气，在接下来的几年里，降低了全球的平均温度。

既然我们对破坏的规模有了初步认识，那么宇宙撞击的影响又有多大呢？让我们先从一个直径 100 米的阿波罗小行星开始说起。约有 10 万颗这样的小行星以接近 25 千米 / 秒速度撞击地球，按照公式：质量的一半乘以速度的平方，产生的动能约 100 兆吨（MT）TNT 当量。这相当于两颗“沙皇炸弹”，半个喀拉喀托岛火山爆发，或者 5 000 颗广岛核弹。

《撒旦之锤》中，虚构的彗星发生了更大的撞击。令人难以想象，这颗直径 1 千米多的彗星以 50 千米 / 秒的速度运行，产生了 600 000 兆吨（MT）TNT 当量的动能，“这相当于 3 000 个喀拉喀托岛火山爆发，”小说中的一个人物说道。

历史教训

早期太阳系有很多的太空石头，撞击更为常见。想要了解这些早期撞击产生的影响的最佳地点就是月球。被称为“海洋”的暗斑是从地球上最容易观察到的特征，实际上，它是数十亿年前由熔岩填满的巨大撞击的伤痕。[1]最近的也可能是在大约40亿年前，地球上出现生命之前。在那之后，较小规模的撞击持续发生，“月球景观”就是陨石坑的代名词。

第谷（Tycho）是月球陨石坑中非常突出的一个，在地球上肉眼就可以看到。直径约85千米，周围是明亮的物质射线，延伸到更大的区域，这是由撞击过程中喷出的物质造成的。以前所有的月球陨石坑都会有这样的射线，但随着时间的推移，它们会逐渐消失。第谷是一个相对“年轻”的陨石坑，只有约1亿年的历史，所以射线仍然可见。

在地球上即使通过望远镜看月球，还是很容易认为景观是静止不变的。如果1亿年前的陨石坑算作“年轻”的话，这是否意味着撞击已经成为过去式，不会再发生了？不久前，天文学家们可能这么想，但现在我们知道，月球上不断有新的陨石坑出现。

1 数十亿年来，月球已经完全冷却了。这些“海洋”形成的时候，它还是活火山，但现在已不是了。

普通数码单反相机拍摄的满月，清晰地显示了靠近南边的第谷火山口
作者拍摄

2009年，美国国家航空航天局的月球勘测轨道飞行器开始绘制月球地图。从那时起，至今至少发现200个新陨石坑，它们直径都是10米或更大，第一次看的时候它们没有出现。2013年3月，美国国家航空航天局的科学家们甚至捕捉到了撞击的闪光，并认为这与新形成的陨石坑有关。

这有可能不是月球撞击的首次直接观测。早在800多年前，1178年6月，来自坎特伯雷的编年史家杰维斯（Gervase）写道：

日落后，月亮刚从天空中出现，有至少五个人目睹了一个奇妙的现象。一轮明亮的新月，与往常一样它向东倾斜，但突然上角裂成两半。从这个中间分区的地方，一个燃烧的火炬冒了出来，在相当遥远的距离里，喷出了火焰、火炭和火花。

1975年，行星科学家杰克·哈尔顿（Jack Hartung）写了一篇论文，说这群人实际看到的是陨石撞击月球的场景。他甚至将其与名叫佐丹奴·布鲁诺（Giordano Bruno）的陨石坑联系起来。这个陨石坑直径20千米，位置正好与杰维斯描述的一致。科学界中，并非人人都相信哈尔顿的解释，但仍不排除这种有趣的可能性。

地球上的陨石坑不像月球那么常见，部分原因是那些能在月球上形成一个10米深陨石坑的小天体撞到地面之前，在大气层中就支离破碎了。地球上70%以上的面积都是海洋，大部分较大的天体都落入其中。撞击到陆地的陨石确实会形成陨石坑，但这些陨石坑不会持续很长时间，地球上会发生月球上没有的各种变化，有些是显而易见的，如大气风化或被植被覆盖，有些则比较微妙。与月球不同，地球有一个巨大的热内核，不断释放丰富的放射性元素，推动地质活动连续循环，使地球表面因而变得光滑。

因此，地球上只有一个看起来很像被陨石撞击过的陨石坑。前面提到过，它在亚利桑那州。为了弥补只有一个陨石坑的缺憾，它有两个名字，有时称为巴林格陨石坑，有时又称为流星陨石坑。直径1千米多，深约200米。约4.9万年前，由一个直径约50米的铁陨石撞击所致。陨石坑直径与铁陨石尺寸比例是非常典型的20 ：1，建议大家最好记住这个数字。这种情况下，产生的能量可能相当于一个“沙皇炸弹”，约50兆吨（MT）TNT当量。

长时间以来，亚利桑那州陨石坑是人们唯一知道的一个。在20世纪的最后十年之前，科学界没人对宇宙撞击这个话题感兴趣，也没人费心去了解。然而，一旦他们开始寻找，就发现了更多的东西。现在已知的地球陨石坑大约有200个，其中的一些非常大，直径约100千米，甚至更大，但大多数非常古老，年龄都在百万年以上。

地球上最大的陨石坑之一是希克苏鲁伯陨石坑，中心位于墨西哥尤卡坦半岛海岸附近，绵延200千米，一部分横跨陆地，一

亚利桑那州的巴林格陨石坑或流星陨石坑
美国地质调查局

部分向海延伸。根据“20 : 1”的经验法则，陨石坑是由一个直径约 10 千米的天体造成的。更为重要的是，希克苏鲁伯撞击可以追溯到恐龙灭绝时期的 6 600 万年前。

这个特殊的灭绝在地质时期正好对应白垩纪末期，这个巧合听起来有点诡异，但事实并非如此。地质时期是根据发现的化石物种来界定的，在白垩纪末期，许多物种同时消失了。不只是单一物种，而是数百种物种灭绝了，恐龙，只是最著名的受害者。它们统治了白垩纪和之前的侏罗纪时期，长达 1.35 亿年。不过，它们只是冰山一角。总的来说，白垩纪末期，地球上 75% 的动植物物种灭绝了。

希克苏鲁伯陨石坑大部分隐藏在地下，如果不是因为许多石油公司对墨西哥湾非常感兴趣，它可能永远不会被发现。不过，事实证明这是一把双刃剑。像地球上任何地方一样，地质学家对该地区彻底调查，获得了丰厚的报酬。同时，相关的地质学家发誓要保守秘密，因为石油行业是一个非常有竞争力的行业。

结果，美国地质学家与石油公司签订合同，为其工作，分别两次独立地发现陨石坑。第一次是 1966 年，发现者是罗伯特·巴尔托斯（Robert Baltosser）；第二次是 1978 年，发现者是格伦·彭菲尔德（Glen Penfield）。商业秘密也不是唯一的问题。当彭菲尔德在学术地质学家会议上暗示陨石坑的存在时，没有人对此感兴趣。那时候，地质界不愿听到巨大陨石坑的事。

这种情况在科学的其他分支中截然不同。阿波罗登月之后，太空科学家们开始对月球陨石坑产生兴趣。根据太阳系的规模，他们计算出位于月球旁边的地球，受撞击的可能性比较大。如果1亿年前与月球撞击造成了85千米的第谷陨石坑，那么当时地球上发生了什么？答案是在白垩纪中期，任何仰望月球的恐龙都会看到撞击的发生。

最早把二者联系起来的是物理学家哈罗德·尤里（Harold Urey）。他曾参与曼哈顿项目，设计了第一颗核弹。在1973年出版的《自然》杂志上，他写道：“彗星与地球的碰撞导致了恐龙的灭绝，这是非常有可能的。”

曼哈顿项目组的另一名成员，路易斯·阿尔瓦雷茨（Luis Alvarez），1968年他因基本粒子物理学方面的研究获得诺贝尔奖。他是一个多面手，早期研究雷达时，认识了一名叫亚瑟·查尔斯·克拉克的年轻皇家空军技术员。后来，后者评论道：“路易斯似乎对现代物理学做出了卓越的贡献，而且颇有建树。”其中最突出的贡献就是20世纪80年代向全世界证明恐龙是被小行星消灭的。

阿尔瓦雷茨对白垩纪时期的灭绝的兴趣源自他的地质学家儿子沃尔特·阿尔瓦雷茨（Walter Alvarez）。他们发现白垩纪与白垩纪之后的时期界限非常奇怪，在他们那个时代被称为第三纪，但后来改名为古近纪。之后，化学家弗兰克·阿萨罗（Frank Asaro）和海伦·米歇尔（Helen Michel）直接以“白垩纪-第三纪的灭绝的外星原因”为标题撰写论文，并发表在1980年的《科学》杂志上。

阿尔瓦雷茨和他的团队发现，在世界各地，白垩纪最晚一批岩石和古近纪最早一批岩石被一层薄薄的铱元素分离，这层铱元素比地球表面的铱元素浓度高得多。铱是自然界中密度最大的元素之一，比金、铂或铀密度更高。地球上的铱在很久以前就沉入了地球的核心。近地表岩石中的任何铱肯定都来自陨石，长期以来科学家们早已接受这一观点。他们认为长时间的小陨石雨在地球表面形成了均匀分布的铱。

阿尔瓦雷茨团队发现了白垩纪末期铱沉淀物形成的巨大尖峰。根据尖峰的大小，他们估算出撞击体的大小为10～15千米，与希克苏鲁伯陨石坑非常吻合。

即使是以25千米/秒相对温柔的撞击速度，产生的能量都可以达到1亿兆吨（MT）TNT当量，相当于广岛爆炸的50亿倍。（碰巧的是，路易斯·阿尔瓦雷茨正好是广岛爆炸的官方科学观察员。）这个撞击确实威力十足，但这真的足够大到消灭地球上所有的恐龙吗？

尘云和海啸

撞击的直接影响就是将所有的能量转化为热、光和巨大的冲击波，犹如一颗巨大的核弹爆炸。既然能量的来源是动能而不是核能，你可能认为，这种情况下至少没有辐射危害，但辐射确实存在。爆炸产生的温度和压力足以产生 X 射线，而 X 射线对生物的影响与核伽马射线类似。

这场灾难比人类经历的任何事情都要严重，令人难以想象。如果撞击发生在海里，水就会沸腾。如果在陆地上，大面积的地区将被大火吞噬。无论哪种情况，地震波都会产生地震，冲击波也会产生飓风。这仅仅只是开始。丽莎 · 兰道尔（Lisa Randall）在《暗物质与恐龙》中这样写道：

> 事实上，除了《僵尸启示录》，大部分电影的灾难场景都发生在一个巨大撞击之后。撞击本身会产生冲击波、火灾、地震和海啸。灰尘会阻挡大气，光合作用暂时停止，大多数动物的主要食物来源由此断绝。

希克苏鲁伯这样大小的撞击发生过后，尘埃笼罩地球，未来数月甚至数年内太阳光无法达到地球表面。所有的植物枯死，大部分动物食物链中断，整个地球的温度骤然下降。除了灰尘，大气中还充斥着一氧化二氮和硫黄等污染物，酸雨席卷整个地球。

不像 1910 年哈雷彗星的谬传[1]那样，这次空气中极有可能含有有毒物质，甚至是氰化物，其浓度比彗尾携带的有毒气体高很多，但最有可能含有的是像铅这样的重金属。有毒的大气、寒冷的温度、长年见不到阳光，物种灭绝便不足为奇了。

希克苏鲁伯撞击体的直径只有 10 千米，但即使是比它小得多的天体，也会造成严重的破坏。穿越地球轨道的太空石头虽没那么大，但直径几百米的也有几千颗。其中任何一颗的破坏性也比地震或火山这样的自然灾害还要大。

前面提到过 1883 年的喀拉喀托岛火山爆发。这是有记录以来最大的一次，值得详细地研究一下影响。尽管爆炸发生在爪哇岛和苏门答腊中部的一个印度尼西亚小岛上，但在澳大利亚的数千千米外都能听到爆炸的巨响。该岛的地理位置完全被改变，原面积为 10 平方千米的小岛，而在火山喷发后不足 4 平方千米。根据官方公布的死亡数据，36 417 人死亡。随之而来的地震波使地球持续震荡了五天。灰尘、灰烬和二氧化硫被喷向天空，全世界都变成了一片耀眼的红色，连遥远的伦敦都出动了消防车。

喀拉喀托岛爆炸释放了 200 兆吨（MT）TNT 当量的能量，相

1　1910 年的哈雷彗星回归，许多媒体错误宣传一些谬论，如世界末日的到来，彗星尾巴含有毒气体，会发生行星碰撞等。

当于一颗直径150米的小行星以20千米/秒的速度撞击地球产生的能量。令人担忧的是，如果你稍微调整参数，动能增长的趋势相当惊人，因为它与速度的平方和立方体大小成正比[1]，如果直径和速度都翻一倍，对于一颗越地小行星，这本来是非常合理的，但系数的扩大却使能量达到6 400兆吨（MT）TNT当量，危险增加了32倍。无论是直接破坏，还是长期的气候变化，影响都按比例上升。

地球表面70%以上被水覆盖，这意味着，在其他条件相同的情况下，撞击发生在水里的可能性比陆地上更大。对于居住在陆地的我们，这是个好消息，不是吗？答案是否定的。海洋中的偶然撞击造成的死亡人数比陆地更多，因为大部分陆地表面人口密度稀少，反而很多人生活在海岸附近。下面是时候说说海啸了。

苏格兰天文学家比尔·纳皮尔（Bill Napier）是宇宙撞击方面的专家，同时还是一些优秀的科技惊悚小说的作者。1988年，他的第一部著作《复仇者》（*Nemesis*）与宇宙撞击紧密相关。它以一个情报传闻为开端，讲述一颗小行星被转移到与地球碰撞的轨道上，目标是美国。如果谣言是真的，最坏的情况是什么？除非

1 想象一个密度恒定的球体。它的动能与质量成正比，质量与体积成正比，体积与直径的立方成正比。

这颗小行星能精准瞄准目标，而这在物理上不可能，不然对美国大陆的撞击最终可能落到人口稀少的地区。相反，如果目标是大西洋或太平洋那样“大而容易的目标”，将给整个美国海岸带来死亡和毁灭。正如小说中的一个人物所解释的那样：

> 撞击后的半分钟，出现了一个三百或四百米高的水环。波幅随着它的移动而下降，但你仍然可以看到，离撞击地点1 000千米之处掀起了15米高的海浪。……1960年智利发生的一次地震引起了长达16 000千米的巨大海浪，日本很多人因此死亡。

这里提到的地震是有记录以来最大的一次，震级在9.4到9.6。震中位于内陆，距海岸约35千米，但它最具破坏性的影响发生在太平洋的另一边，除了日本，还有夏威夷、新西兰和澳大利亚。造成损失的主要原因是一股巨浪登陆，科学上称为海啸，通俗讲叫潮汐波。看起来像一个突发的、非常高的潮汐，实际上就是一个超长波长的波浪。

最近一次破坏性最强的海啸发生在2004年12月的印度洋。这次地震的规模比1960年稍微小一些，震级在9.1到9.3。由于震中在靠近人口稠密的印度尼西亚海岸和周边国家的海底，这次破坏性更强。死亡人数超过25万，这是本世纪最大的自然灾害，也是16世纪以来最致命的地震。数以万计的建筑物被毁，一百多万人无家可归。除了人类，珊瑚礁、森林和动物种群都遭受了无法弥补的破坏。

海啸横越公海时，掀起的波浪可能没有看起来那么大。只有进入浅海沿岸地带，因为同样的能量将由更少的水承载，所以，才会突然变大。一般来说，海浪撞击陆地时，高度可能是深水中的 40 倍。例如，2004 年的海啸据说大约从 0.6 米增加到 24 米。

宇宙撞击和海啸有怎样的联系呢？格瑞特 · 范楚尔在 1996 年出版的《影响力》一书中，提出撞击体的大小会直接影响海啸的规模。根据数据，如果一颗直径 50 米的小行星在离最近海岸 1 000 千米的地方坠入大海，那么 2004 年的海啸将会重演。纳皮尔在小说中提到的更大的影响［撞击当量为 10 000 兆吨（MT）TNT 当量］，根据“40 倍经验法则”，这将会掀起 600 米高的海啸，比帝国大厦还要高出一半。如果这样的小行星真的撞上了大西洋，那我们只有和纽约还有其他数百个东海岸城市说再见了。

纳皮尔认为小行星的撞击可能是出其不意的，这令人担忧。真正的小行星撞击，即使是相对较小的撞击，也有可能被误认为是核导弹袭击。如果这发生在冷战时期那样的紧张局势中，可能会引发一场针对所谓侵略者的反攻。接下来的核战争会使破坏扩大许多倍。

持续的威胁

1908 年 12 月，英国期刊《皮尔逊杂志》刊登了一张圣保罗大教堂废墟的照片，附上以下说明：

> 如果一颗大彗星与地球之间的距离近在咫尺，那么世界末日即将来临。巨大的热量产生，所有的东西都会自燃。最坚硬的岩石会融化，没有任何生物能幸存，建筑物和人类瞬间变为灰烬。

这绝对是最耸人听闻的新闻报道，然而，具有讽刺意味的是，文章发表的那一年正好发生了有记录以来最大的一次宇宙撞击，时间是 1908 年 6 月 30 日，英文媒体却没有相关报道。前面提过，撞击发生在西伯利亚人烟稀少的通古斯卡河谷，距离莫斯科以东 3 600 千米。

那次的撞击体可能是一颗小的岩石小行星或小彗星。前一章提过，它很可能是金牛座培塔流星群的一部分，包含了恩克彗星的一些碎片，或者起源于更大的彗星。当通古斯卡的天体进入地球大气层，发生了一次 10 ~ 15 兆吨（MT）TNT 当量级别的爆炸，类似典型的冷战核武器的能量。据估计，该天体大小在 30 到 70 米，与制造千米宽的巴林格陨石坑的大小相同。然而，那个天体成分是铁，而这个是岩石，效果迥异。

众所周知，小于 100 米左右的岩石天体，受大气热能压力的影响可能会发生爆炸，这样地面上不会形成任何明显的陨石坑或大块陨石。相反，其效果类似于空中爆炸的核爆，这是一种尽可能在广阔区域造成地面破坏的战术。爆炸首先产生冲击波，然后再到达地面，这种破坏性比直接在地面爆炸要大得多。广岛和长崎的炸弹都属于空中爆炸，而发生在通古斯卡的爆炸的威力是它们的一千倍。

最直观的结果就是在通古斯卡的爆心投影点附近的 8 000 万棵树被烧焦，周围 30 千米的半径范围被夷为平地。如果同样的事情发生在一个城市，后果难以想象。幸运的是，最近的目击者在 70 多千米外的尼兹尼-卡列林斯克村。当爆炸发生时，他们看到一道耀眼的闪光，几分钟后又听到了隆隆的爆炸声。冲击波击倒了一些人，打碎了无数的窗户。地面也有震动，像发生了一场小地震。

尽管如此，没有人因此死亡，且没有不易修复的破坏，村民们完全没有把这事放在心上。只是在几年后，科学家们才意识到这可能是一次巨大的陨石撞击。1928 年，一支姗姗来迟的探险队终于踏上了寻找陨石坑或陨石的旅程，但一无所获。撞击发生 20 年前，能发现的不过是一大片烧焦的、荒芜的森林。

那个时候，科学家们无法想象发生了什么。不过，现在我们知道了。一个 15 兆吨（MT）TNT 当量的空中爆炸产生了一个灼热的火球，点燃了树木。接着，巨大的爆炸波击倒了树木，并把火扑灭，这就是为什么树木只是被烧焦，而没有变成灰烬。如果用“风”来描述这次爆炸过于轻描淡写了。正如格瑞特·范楚尔指出：

> 强风可以吹倒树木，大飓风也只是把树连根拔起。……重点是所有被摧毁的树整齐地倒向远离爆炸中心的方向，风力必须非常强。如果类似的事件发生在美国的一个市区，所有房子将瞬间崩塌，伤亡将不计其数。据估计，类似通古斯卡的事件如果发生在人口稠密地区，造成的伤亡人数可能高达 500 万。

今天，很少有科学家质疑通古斯卡爆炸是由撞击引起的，不过这也是一个相对较新的认识，过去几十年内，类似事件不断发生，人们对这些事件有了新的理解。长期以来，人们反对撞击理论，因为通古斯卡没有陨石坑。20 世纪大部分时间里，这经常登上世界“未解之谜”名单。许多凭空猜测也应运而生，其中也不乏一些奇思妙想。

1973 年，著名的科学杂志《自然》刊登了一篇题为《通古斯卡事件是由黑洞引起的吗？》的文章，作者是两位专业天文学家 A.A. 杰克逊（A.A. Jackson）和 M.P. 瑞安（M.P. Ryan）。他们指出，像史蒂芬·霍金几年前预测的那样，撞击体不是岩石物体，而是一个微型黑洞。黑洞的撞击可以“产生一个大气冲击波，足以将数百平方千米的西伯利亚森林夷为平地”，然而“不会产生宇宙撞击的陨石坑”。

需要澄清的是，虽然许多“未解之谜”书籍中提到过通古斯卡大爆炸是不明飞行物坠毁造成的，但没有一位科学家正式提出这样的观点。这种误解来源于 20 世纪 60 年代法国作家路易斯·鲍威尔（Louis Pauwels）和雅克·博吉尔（Jacques Bergier）写的一本学术性不强的书，该书被翻译成英文，叫作《魔术师的早晨》（*The Morning of the Magicians*），下面是其中的一段：

> 莫斯科科学院指出，1908 年 6 月 30 日的爆炸可能是一艘太空飞船解体造成的。

这个想法的发起人是一名苏联人，但他与莫斯科科学院毫无关系。他叫亚历山大·卡赞采夫，一名职业的科幻小说家。宇宙飞船在通古斯卡上空解体的想法来自他 1946 年写的短篇小说《爆炸》（*Explosion*）。

在某种程度讲，人们用这么多疯狂的想法来解释通古斯卡并不奇怪。人们凭空想象，对撞击知之甚少，目击证人也寥寥无几。一个世纪后，情况完全不同了。2013 年 2 月 15 日，全世界的人都知道，一颗壮观的流星在俄罗斯的城市车里雅宾斯克上空爆炸。

观察者看到这颗炽热的火球就像太阳一样明亮，数十部手机、行车记录仪和安全摄像头都捕捉到它，这段视频很快在互联网上疯传，24 小时内获得了数百万浏览量。这一次目击证人不是少数人，而是几千人，与通古斯卡的记录如出一辙。人们看到了火球，听到了爆炸声，感觉到了相当于 2.7 级地震的冲击波。甚至有报道说，有烧灼或硫的气味。

实际上，爆炸发生在离车里雅宾斯克市 50 多千米的地方，经过了相当长的时间，约 2 分钟，之后大多数目击者才听到声波和感受到冲击波。最初的闪光以光速传播，几乎是瞬间的。人们站到窗户前一探究竟，结果是当冲击波到达时，大量玻璃破碎，数千人受伤，幸运的是大部分都是轻伤。

与通古斯卡一样，车里雅宾斯克陨石在 20 ~ 30 千米的高空爆炸。虽然体积较小，直径大概只有 15 ~ 20 米，但仍然是自通古斯卡以来最大的天体，爆炸量大约 0.5 兆吨（MT）TNT 当量。对于这种大小的核武器，最佳空中爆炸高度约 1.7 千米（地面破坏最大化所需高度）。如果车里雅宾斯克的爆炸高度超过原高度的 10 倍，后果将不堪设想。

好在车里雅宾斯克陨石进入大气层的角度很低。进入大气层之前，它的速度约 30 千米 / 秒，与地球绕太阳运行的轨道速度相同。幸运的是，在最后爆炸之前，大气阻力削弱了至少三分之一的速度，百万吨级的爆炸量因此大打折扣。

早在 1928 年，一个科学家小组到通古斯卡寻找陨石。他们要找的是一块非常大的岩石，结果一无所获。在车里雅宾斯克，人们知道这个天体已经爆炸，于是转而寻找众多小岩石，最后他们收回了很多陨石碎片，总共约 50 块，大概一吨重。目前为止，最大的一块被埋在湖底的泥中，约 650 千克，直径约 60 厘米。

即使充分了解了车里雅宾斯克爆炸，我们还是会受到以前许多古怪猜测的影响。一位当地居民建立了一座陨石教堂，声称湖中取回的物体传递了一个重要的信息，只有他的通灵牧师才能解释。流星事件发生的当天，英国广播公司援引俄罗斯民族主义政治家弗拉基米尔·日里诺夫斯基（Vladimir Zhirinovsky）的话说："那些不是流星，而是美国人在测试他们的新武器。"

同一篇文章中还提到了一件真的怪事，据说，车里雅宾斯克事件发生的同一天，另一颗名为杜安德（Duende）的较大小行星会靠近地球。科学家们精确地掌握了其轨道运行规律，认为杜安德会比地球同步通信卫星轨道（高度为 35 800 千米）更靠近地球，但不会与地球相撞。当天早些时候，车里雅宾斯克天体出现时，一些科学家草率地断定这是杜安德，但他们错了，杜安德在另一条轨道上，如后图所示。

杜安德属于阿登小行星家族，大部分轨道位于地球内部，但远日点稍微靠外。杜安德穿越地球轨道时，与地球正好处于同一个位置。幸运的是，不完全相同。车里雅宾斯克天体是一颗阿波

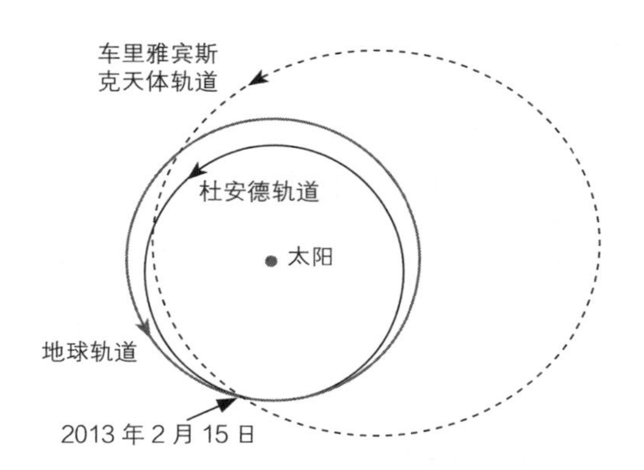

2013 年 2 月 15 日两个近地天体的轨道，一个近距离通过地球轨道，另一个进入了大气层

罗型小行星，在一个能量和偏心率更高的轨道上运行。远日点在小行星带，近日点在地球轨道内。因此，车里雅宾斯克天体经过地球的轨道时，地球正好处于一个不同的地方。

幸运的是，车里雅宾斯克天体是一个相对较小的天体，杜安德错过了与地球相撞，通古斯卡爆炸发生在人口稀少的地区。但这真的是件好事吗？格瑞特 · 范楚尔称，通古斯卡撞击未能摧毁一座城市，“文明可能经历了史上最糟糕的运气”。这种表达虽不恰当，但你应该明白他在说什么。人类历史上没有哪个灾难明确地[1]归于宇宙撞击，所以许多人都不会认真对待这种威胁。

1 这里的关键词是“明确地”。有很多历史性的灾难可能是由撞击造成的，但总有其他的，通常是更令人信服的解释。

即便如此，20 世纪的最后十年发生了一场真正的能够使地球文明毁于一旦的灾难性撞击事件。但是，它发生在木星上。

1993 年 3 月，卡罗琳・苏梅克（Carolyn Shoemaker）在丈夫尤金（Eugene）和大卫・列维（David Levy）的协助下发现了苏梅克-列维 9 号彗星。顾名思义，这是这个天文小组发现的第九颗短周期彗星，名字听起来非常普通，但 9 号彗星在很多方面都很特别。受木星的引力场吸引，9 号彗星绕着行星而不是太阳运行。其次，木星引力将彗星分成 20 多个碎片。此外，人们计算出彗星轨道，发现了第三个特别之处，正如格瑞特・范楚尔指出的那样：

> 计算出的轨道表明，1994 年 7 月，苏梅克-列维 9 号彗星将在距木星中心 5 万千米的范围内通过，因木星的半径为 71 900 千米，这意味着彗星飞过木星时很可能产生撞击。

以前从未预测即将发生撞击事件，此消息一出，天文学界掀起了轩然大波。由于彗星实际上是一连串的天体，这说明几天内会有多次撞击和观测机会。这使得指向木星的望远镜比历史上任何时候都多，从哈勃太空望远镜一直到业余爱好者后院的望远镜。

即使在距离 7 亿千米的地方，撞击也非常壮观，完全推翻了“小天体不能造成任何真正破坏”的观点。用卡尔・萨根和安・德鲁扬的话来说：

> 苏梅克–列维9号彗星的碎片大小不等，直径几百米到一千米，以60千米/秒的速度坠入木星。几乎没有人能料到，每次撞击都会留下一个与地球大小相当的暗斑，几周或几个月才能消失。这里值得思考的是，那颗高速彗星的大小虽比不上一个足球场，却能产生与整个地球大小相当的暗斑。

显而易见，如果苏梅克–列维9号彗星坠毁在地球上而不是木星，影响将是全球性的。我们一般会提前几个月知道撞击发生。如果同样的事情发生在地球上，我们能做些什么吗？这是即将讨论的问题。不过，我们先退一步，通观一下全局。

5

宇宙联系

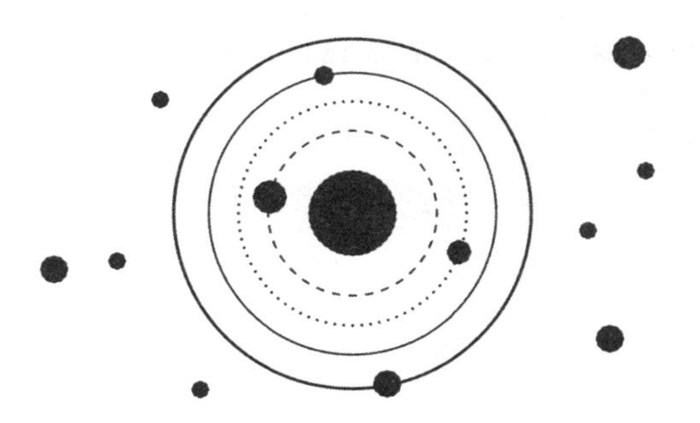

▶▶▶

天文学家应该把寻找天体撞击地球原因的任务交给占星家。

——《纽约时报》，1985年4月2日

陨石撞击导致恐龙灭绝的理论最早在20世纪80年代提出，一提出就遭到了各方面的质疑。一些老派的地理学家对灾变说的任何迹象仍然感到不安，另一些非科学家对撞击是外星原因的说法嗤之以鼻，以上引用《纽约时报》的社论就是后者态度的一个例子。沃尔特·阿尔瓦雷茨和一位同事对此作出简短回应，《纽约时报》在同月晚些时候发表了这样的看法："如果编辑把评判科学问题的任务交给科学家，可能是最好的选择。"

不过，事实上，与《纽约时报》一样，许多科学家因为相同的原因反对阿尔瓦雷茨假说。几个世纪以来，人们一直认为地球与更广阔的宇宙相联是一种迷信思想，完全是迷信的无稽之谈。这也是科研机构花了这么长时间才接受陨石撞击的主要原因。当然，这场争论并非完全没有价值。占星术认为行星排列和世间的事务相联，这才是真的胡说八道。第一章提过，伊曼纽尔·维里科夫斯基用金星、火星和木星之间的假想碰撞来解释《圣经》中的事件也是无稽之谈。

维里科夫斯基所持的是一种保守的中世纪宇宙观，他认为，天体之间的距离比实际更接近。现在我们知道的是，用《银河系漫游指南》中的原话来说，就是“太空很大，真的很大”。众所周知，朱诺号宇宙飞船以 18 千米 / 秒的平均速度历经五年到达木星，路线十分迂回。以这个速度到太阳以外最近的恒星需要 7 万年。鉴于此，一些人相信地球与宇宙其他部分完全隔绝开来的，这并不奇怪。

不过，这并不是真的。地球与宇宙的联系是真实存在的，这经得起科学的考验，而不像占星术那样站不住脚。根据目前最新的理论，小行星和彗星确实会撞向地球，而受太阳系以外力量的影响，来自奥尔特云的新彗星也会撞向地球。

结果也不总是消极的。根据《圣经》的诠释，卡尔・萨根和安・德鲁扬指出：“彗星带走什么，也会给予什么。”的确，彗星撞击会导致大规模物种灭绝，但这也是新物质的重要来源，包括有机物和无机物。事实证明，地球要保证生命周期长久不衰，撞击是必不可少的。

它来自外太空

太空为地球提供物质补充的想法并不是什么新鲜事。17 世纪，牛顿对这个问题曾给出一个比较精准的推测：

> 由于行星的引力，太阳、恒星和彗尾产生的蒸气最终会相遇，落入大气，然后凝结成水和湿润的乙醇；通过缓慢的加热，然后逐渐变成盐、硫黄、酊剂、泥浆、黏土、沙子、石头、珊瑚和其他地球上的物质。

有些细节虽不太准确，但总原则还是对的。除了“蒸气”（在牛顿看来是气体），还有彗尾的尘埃，当然，宇宙中还有撞击。1996年格瑞特·范楚尔写道：“十几颗巨大的彗星携带足够的水和有机分子来到地球，提供了所有的水和生物量。”虽然原则上正确，但人们并不相信地球上所有物质的供应都是通过撞击产生，但大部分是来源于此。

范楚尔使用的“有机”一词引起了人们浓厚的兴趣。因为一提到有机，人们就会想到生物。对科学家来说，这个词包含了一整类含碳化合物，包括生命的基本组成部分，如氨基酸。这些都是DNA的重要组成部分，但彗星含有氨基酸并不意味着它含有DNA。

除了彗星，一些小行星和小行星衍生的陨石中也可以找到有机分子。绝大多数陨石的成分是硅基化学物质，这是一种高级说法，其实就是岩石。大约二十分之一的陨石含有碳基有机化合物，它们被称为碳质球粒陨石，从地球的角度来看，它们与岩石算表亲，但比岩石有趣得多。

默奇森陨石（Murchison meteorite）是最著名的一颗碳质球粒陨石，约 100 千克。1969 年在澳大利亚默奇森村附近坠落地球，分成几块。科学家对全部的碎片进行了深入的研究，发现碎片含有至少 15 种不同类型的氨基酸和约占质量 10% 的水。

前一章提过，地球早期时候，大规模的撞击要多得多。因此，有充足的理由认为撞击促进了生命形成和带来了生命生长所需的大量原料。但这并不是说，撞击直接带来了生命本身，但实际上已经有人这样猜测了。

科学家们刚接受陨石的存在，其中的一部分人就开始思考陨石是否是地球生命的源泉。这个想法甚至被赋予了一个奇特的名字，有生源说（panspermia）[1]。1871 年，开尔文勋爵在爱丁堡致英国协会的一次演讲中这样说道：

> 我们认为，最有可能的情况是无数携带着种子的陨石在太空中移动。如果现在地球上没有生命，一块这样的石头落在上面，可能会因为我们盲目称之为的自然原因，导致它被植被覆盖。

1　实际上，这个术语是由哲学家阿那克萨戈拉（Anaxagoras）于 2 300 年前提出的，但他说的与现在的理论完全是两回事。

几年前，也就是1864年，一块碳质球粒陨石坠落在法国南部奥盖尔镇附近。有生源说是当时的热门话题，新陨石立刻引发了人们极大的兴趣。陨石样品被送往各个研究机构，结果发现陨石内含有丰富的有机化合物，但没有任何证据证明生命形式的存在。

一个世纪过去了，美国科学家团队重新发现了一块很久以前被密封在一个玻璃罐里的奥盖尔陨石碎片，这片碎片此前从未被研究过。令人惊讶的是，碎片里嵌有植物的种子。如果是在地表附近，可能是受了地表的污染，但这些种子深深地嵌入陨石中。陨石穿过大气层产生的热量形成了一层玻璃状熔合层，似乎保护它们不受外界的影响。不管是什么，这些种子并没有受到意外的污染。

遗憾的是，这些种子也不来自外星。研究人员确认它们是法国南部的一种牧草，这实在是太巧合了。仔细观察发现，覆盖种子外面玻璃状的融合层是干胶。整个事件就是一个骗局，大概这是19世纪的研究人员为了对付另一位同事策划的，然而，当时受害者却没有闲工夫去看这块碎片。

1977年，有生源说出现了一次新的转折。天体物理学家弗雷德·霍伊尔（Fred Hoyle）和钱德拉·维克拉马辛赫（Chandra Wickramasinghe）在《新科学家》发表了一篇文章，标题相当醒目，叫作《传染病是否来自太空》。文中指出，某些疾病可能并非源于传统的人与人之间的接触，更可能是来自太空，罪魁祸首就是彗星尘埃，它们携带发育完全的病毒。这些病毒在冰冷的太空休眠，进入地球大气层后便活跃起来。不出所料，这一理论果然遭到了天文界和流行病学界的蔑视，但霍伊尔和维克拉马辛赫并未因此而动摇，反而继续出版了大量这一类题材的书籍，深受读者喜欢。

地球疾病来自彗星，虽然听起来有点奇怪，但这并不是什么新鲜事。《鲁滨孙漂流记》的作者丹尼尔·笛福（Daniel Defoe）写的《瘟疫年日记》就半真实、半虚构地讲述了 1665 年席卷伦敦的大瘟疫。当时笛福本人只有 5 岁，有一次他留意到在瘟疫前一颗炽热的恒星或彗星出现了好几个月，他进而推测了二者之间存在因果关系。但这还是一种纯粹的超自然思想，因为这远早于人们明白疾病是由微生物引起的。

1984 年，在南极洲的艾伦山，发现了一颗名为 ALH84001 的陨石，陨石中含有微小的类化石结构，这说明太空中可能真的存在微生物，但这一想法只是昙花一现，没有得到重视。直到 1996 年，美国国家航空航天局高调宣布，扫描电子显微镜显示出陨石结构类似于地球中纳米细菌的结构，这一发现立即得到全世界的关注。然而，陨石中的细菌要小得多，加上其他非生物学给出了另一种解释，所以很少有科学家相信。

值得注意的是，ALH84001 最初来自火星，这得到了大部分科学家的认同。与那颗火星发生撞击后，它被抛入太空，获得足够速度之后进入了围绕太阳公转的轨道。这条轨道碰巧与地球相交，某个时候发生了不可避免的碰撞，这颗岩石最终坠落在南极洲。

ALH84001 陨石的电子显微镜图像，显示出类似微生物的结构
美国国家航空航天局图片

这并不是说整个过程在短时间内发生。最初对火星的撞击可能是数百万年前的事了，之后作为阿波罗小行星又有很长的历史，最终坠入地球，更是一万多年前的事了。ALH84001 不是特别罕见。人们过去认为陨石的生命始于火星或月球上是非常罕见的，但实际上这非常普遍，比人们想象的普遍得多。用奈尔 · 德葛拉司 · 泰森的话来说：

我们认为，每年约有一千吨火星岩石雨坠落在地球上，数量与月球坠落到地球上的陨石相同。回想起来，我们完全没有必要去月球取月球岩石，因为它们会“主动光临”地球。在阿波罗探月计划时我们还不知道，所以我们没有选择的余地。

外星章鱼

霍伊尔和维克拉马辛赫提出病毒来自外太空，这个理论为一个全新的推测领域打开了闸门。那么更复杂的生物呢？比如说章鱼。

维多利亚时期经典科幻小说《世界大战》中，赫伯特·乔治·威尔斯（H.G. Wells）刻画的一个角色认为火星入侵者就像是“章鱼”。这个表述还不错，因为章鱼看起来确实异于人类。它们在其他方面也比较突出，比起其他无脊椎动物来说，章鱼拥有更高的智商和更复杂的行为。2015 年人们对章鱼基因组测序时，发现它拥有的蛋白质编码基因比我们的还多。官方新闻发言称，这是“第一个来自外星生物的基因组序列”。

当然，这只是一个比喻，但有些人对此却很上心。2018 年，包括钱德拉·维克拉马辛赫在内的多个作者撰写了一篇学术论文，指出章鱼许多非常复杂的基因都是“新的”，某种意义上说，章鱼的任何一个假定祖先物种中都没有此基因。作者认为，与自然进化过程相比，彗星撞击，DNA 被带到地球上的外星起源更容易解释这种情况。

章鱼中复杂的新基因组可能不仅仅是水平基因转移，或单纯的基因的随机突变，或简单的重复增殖，根据我们目前对彗星及其碎片的生物学知识，推测新基因及其病原很可能来自太空，这是合乎逻辑的。

尽管这个想法很有意思，但除了论文作者之外，科学界很少有人会赞同。

更大的宏图

月球和火星只是开始。事实上，我们需要更深入地研究太阳系以外的世界才能全面了解撞击，但问题是“宇宙空间太大”。为了让天体的大小看起来更直观，图表可能会有帮助，我们试着画一画。

众所周知，地球在整个宇宙中是微不足道的，甚至不用把它画在这张图中。我们假设地球到太阳的距离为最小的单位，只有一个天文单位，用直径一毫米的点来表示。在这个刻度上，冥王星轨道的远日点在柯伊伯带，那里是短周期彗星的发源地，距离地球约 50 毫米。目前为止，这些全都可以画在一页上。

我们还需要画上奥尔特云，这是长周期彗星的发源地，内层边缘离太阳大约 2 000 AU。在我们的刻度上，是 2 000 毫米或者 2 米。我们的图表看起来不怎么好看了，而且越来越画不下了。据估计，奥尔特云应该向外至少扩散 50 倍，大约 100 米，相当于一个足球场的长度。最近的一颗恒星，比邻星，离我们更远一些，大约 265 000 AU，或者 265 米。

看起来我们不需要这张图了，我们得靠自己解决。

尽管星际间的距离是巨大的，但我们不能认为太阳系以外的天体距离很远就不重要。2017 年 10 月，夏威夷的一个小行星搜寻小组发现了一个近得可以归为近地天体的物体，那时它离地球只有 0.2 AU 左右。然而人们很快发现它不会一直“靠近地球”，它从地球身边疾驰而过的时候速度为 50 千米 / 秒。

现在到了考验我们记忆力的时候了。还记得上一章提到过的数字 42 吗？ 42 千米 / 秒是彗星从奥尔特云中坠落的最大可能速度。根据能量守恒定律，数字基本是固定的，不能随意改动。无论这个新天体是什么，与奥尔特云里的天体相比，它蕴含的能量更大。它不属于太阳系，而是来自更远的地方。

这个天体最初是由夏威夷的望远镜发现的，被命名为“奥陌陌”（Oumuamua），在夏威夷语中意为“高级侦察兵”。因为移动得太快了，所以我们根本没有时间进行研究。它出现的时候，受太阳引力的作用轨道倾斜了 66 度，从天琴座的方向猛冲进来，然后朝着飞马座的方向匆匆离去。因为没有明显的挥发物，一开始“奥陌陌”被认为是小行星，而不是一颗彗星。然而，接下来的运行数据表明，它可能是一颗彗星，尽管不是十分活跃。无论是小行星还是彗星，它都是一个长而扁平的星体，估计长 230 米，宽 35 米。

我们所知道的几乎所有自然产生的太空天体都比它圆。漫长的历史中，行星和较大的卫星由于自身重力的作用形状会拉成近球形。小行星和彗星这样较小的天体不像坚固的岩石，更像是“碎石堆”，通过一种更为微弱的力量结合在一起。如果与其他天体碰撞，或者自转产生了应力，都有可能形成轴比为 2 ：1 的土豆状物体或更小的物体。而奥陌陌的轴比接近 6.5 ：1。

这样的比例在宇宙飞船中更为常见，网上有很多猜测，认为奥陌陌根本不是小行星，而是外星人的宇宙飞船，这也可能是奥陌陌的本来面目。甚至科学界也认真地考虑了这种可能性。但是没有检测到来自奥陌陌的无线电传输，热信号证明它只是惰性岩石。如果是宇宙飞船，那也是废弃了的。

但是，为什么奥陌陌比太阳系的小行星要长得多呢？一种可能是它具有异常高的抗拉强度，但除了宇宙飞船理论外，没有充足的证据证明这一点。简单来说，奥陌陌独自穿越星际空间时，从未遭受过像普通小行星解体的那种碰撞。另一种可能是，它本来由两个正常形状的小行星构成，两个小行星彼此绕行，从而产生了一种细长物体的错觉。

像星际飞船一样，星际岩石让我们兴奋，其重要性不可小觑。事实上，与太阳系天体相比，虽然大小类似，却拥有巨大的动能，这一次距离地球又如此之近，恰恰成了新的空间危害。

即使不用担心星际入侵者，也不能忽视太阳系以外的事。记得简·奥尔特指出“通过恒星的活动，新的彗星不断地从这片云到太阳附近”，而这片云后来以他的名字命名，称为奥尔特云。

“通过恒星的活动”这句话听起来有点像占星术上的胡言乱语，但奥尔特思考的是更实际的东西。其他恒星是如何在太阳系内产生影响的？在论文中，奥尔特谈到了一颗飞过恒星的彗星可能通过其引力效应扭曲彗星轨道。这可能确实是答案的一部分，但因为这并不经常发生，不足以成为唯一的原因。

为了找到答案，我们再退一步纵观一下整个星系。“银河”的名字来源于希腊语中的“牛奶”，指的是横跨夜空的模糊光线。它是由大约一千亿颗恒星组成的系统，太阳只是其中的一颗。听起来这是一个很拥挤的地方，从某种意义上的确如此，但这里井然有序。大多数明亮的恒星，包括太阳和它最近的邻居，都在一个很薄的圆盘上以近圆形的轨道运动。

这有点像太阳系的放大版，但太阳系和银河系有一个重要的区别。太阳系中，大部分质量集中在太阳和一些大行星上，如木星和土星。而银河系中，质量均匀分布在千亿颗恒星中。因此，恒星倾向于在一个平滑的引力场中移动，而不会注意到彼此是一个独立的个体。干扰奥尔特云团所需的近距离相遇确实会发生，但并不经常发生，还有另一种可能性。

首先，我们需要更好地了解银河系的规模。为了避免使用大得离谱的数字，我们将引入另一个天文测量单位——光年。这是光在一年中的传播距离，约 9.4 万亿千米，或 63 000 AU。银河系的直径约为 10 万光年，厚度约为 2 000 光年。太阳系位于距离银河系中心约 26 000 光年的地方，围绕银心完成一个轨道大约需要 2.4 亿年。

现在我们有了第二张图，但根本画不出来，因为计量单位从毫米跨度到了光年。上一张图中最长的是太阳到比邻星的距离放到这张图中，只有 4.2 毫米。而银河系的直径是 100 米，相当于一个足球场，地球距银河系中心的距离是 26 米。即使圆盘两米厚，但银河系太大，一页完全放不下。

碰巧的是，最后一次测量与奥尔特云扰动紧密相关。在两米厚的圆盘内，太阳系的位置是不断变化的。它沿着轨道围绕星系中心运行，它会以更快的速度上下振动。完成一次轨道可能会经历四次垂直振动，振幅在 300 光年到 600 光年，或者在我们想象的图表上为 0.3 米到 0.6 米。

在一个振荡过程中，星系盘的引力——其他所有恒星的累积效应，将太阳系来回拉扯，这样交替的应力很有可能使彗星涌入太阳系内部，这是一种有趣的可能。如果真有这样一种机制存在，那么彗星进入太阳系将是有规律可循的。那彗星撞击遵循相同的原则吗？

银河复仇者

各种研究暗示撞击和大规模灭绝可能存在周期性。然而，这一结果还远没有定论，一般认为周期在每 2 500 万年至每 3 500 万年，一些认为是 2 500 万年，另一些则认为是 3 500 万年。无论确切的数字是多少，地球或太阳系的周期性不可能有这么长。如果有，那它的成因一定是来自银河系的某个地方。

1979 年，两位英国天体物理学家在《自然》上发表论文，首次提出这种周期性不仅存在，而且与星系结构存在某种关联。其中一位作者就是比尔·纳皮尔，我们已经知道了，后来他还写了惊悚小说《复仇者》。另一位是牛津大学前天体物理学系主任，维克托·克鲁比（Victor Clube）。一些尖酸刻薄的批评者暗示他们是一对怪胎，但事实并非如此。在《自然》中，克鲁比和纳皮尔写道：

> 显然，地球大灾难和其他太阳系现象发生的时间序列是随机的，但是却在银河系的潜在调制之下。

专业的科学论文中经常看到“随机”（stochastic）一词，与日常生活中“随意”是近义词。出于某种原因，科学家似乎更喜欢使用“随意”（random）一词。克鲁比和纳皮尔认为，一段时间内撞击分布的时间看起来随意，但仍有一个周期性，即使周期性不太明显。毋庸置疑，“地球大灾难和其他太阳系现象发生的时间是随机的”，但银河系是否起调剂作用还仍有待商榷。假设的周期性只影响长周期彗星，那么小行星和短周期彗星的撞击则相对随机。

尽管克鲁比和纳皮尔支持“星系振动”（galactic oscillation）理论，但这并不是产生周期性撞击的唯一途径。另一种假设更容易理解，大众媒体也比较认同。该假设提出太阳旁边伴有一个称为“复仇者”[1]的“暗星”。由于很小、很暗，至今没被发现。这颗“暗星”定期从轨道上穿过奥尔特云。这个假设在科学上有合理性，但现实根本不可能，甚至该假设的提出者也没有把它当一

1 这和比尔·纳皮尔小说的名字没有关系。“复仇者”这个名字最初源于希腊的报应女神，因暗示潜在的威胁而广受欢迎。

回事。1984 年的《自然》杂志上，马克·戴维斯（Marc Davis）与他人合发了关于这个话题的首篇论文，近乎开玩笑地谈道：

> 我们认为，周期性事件是由太阳的一个看不见的伴星触发的，一般在偏心轨道上运行，在最近的接近点（近日点）穿过围绕太阳的奥尔特彗星云。每次穿越时，这个看不见的太阳同伴都会干扰这些彗星的轨道，将大量彗星（超过 10 亿颗）送入到达太阳系内部的轨道。其中几颗会在接下来的百万年里按一定间隔撞上地球。目前，看不见的伴星与太阳相距的最大距离约为 2.4 光年，直到大约公元 15 000 000 年之前，对地球不构成任何危险。

当然，最麻烦的问题是，离我们很近的恒星，可以被我们看见。只要它是一颗普通的恒星，肯定会的。不过，与普通恒星相比，银河系里的恒星更容易被看到。我们前面讨论过垂向振动，太阳会发生垂向振动，太阳附近所有可见的恒星也是一样。由于自身的引力，恒星和星系盘绑在了一起，但所有振动产生的总动能就太大了。星体会升起，但再也不会落下。一定是其他的东西把它们拉回来了。

这个“其他东西”称为暗物质，我们对它知之甚少。老实说，我们甚至不知道它是否存在，但如果我们目前对引力的理解是正确的，那么假设它存在确实是解释观察到可见物质行为的唯一方法。暗物质几乎可以是任何东西，我们有理由怀疑“复仇者”有可能是暗物质。至少根据一种理论，暗物质还有另一种方式影响奥尔特云。

暗物质通过引力与普通物质相互作用，大多数天文学家认为它也只以这种方式与自身相互作用。与暗物质不同，普通物质受其他非引力过程的影响，比如通过光和热来释放能量。这些过程导致普通物质失去了很多初始能量，因此我们今天看到的圆盘才会这么薄。如果能量补给无法跟上，暗物质就会在银河系周围形成一个更大的球形光晕。这是标准理论。

几年前，哈佛大学的丽莎·兰道尔领导的一个研究团队提出了另一种观点。小部分暗物质确实以特有的方式流失能量，导致在可见圆盘的同一平面崩塌成一个薄圆盘。当然，这会增强奥尔特云的引力扰动效应。兰道尔的团队指出，普通物质或“传统”暗物质的模型不能提供必要量级的扰动，但这个模型可以。

这个理论有点抽象，不是那种你会想到出现在小报头条的东西。然而，这确实是发生了。2014 年 3 月英国《每日邮报》刊登了一篇《恐龙被暗物质消灭了吗？》的文章。根据理论，每 3 500 万年，彗星受力量的驱动会飞向地球，一时间同样的故事竞相出现在各大媒体上。

这对兰道尔的研究以及之后她出版的《暗物质与恐龙》是一

个很好的宣传，但暗物质与恐龙之间的联系微乎其微。希克苏鲁伯撞击导致恐龙灭绝的说法并不符合 3 500 万年的周期，而且造成它的原因很可能是一颗小行星而不是彗星。

所有这些对周期性、复仇者以及银河系的讨论都很有趣，但这只是讨论主题的副题。事实上，影响是会发生的，即使它们有周期性，记住克鲁比和纳皮尔所说的，撞击的时间是随机的。不要因为“复仇者”目前处于远日点，或者我们在银河振动周期中处于错误的位置而产生虚假的安全感。一个毁灭文明的撞击随时可能发生。

6

绘制威胁图

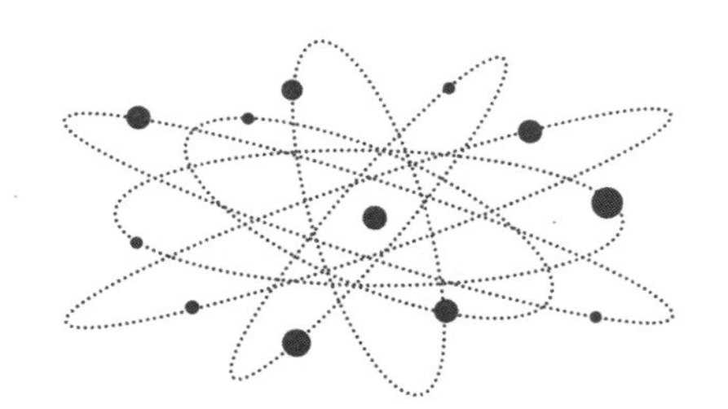

►►►

亚瑟·查尔斯·克拉克1973年的小说《与拉玛相会》（*Rendezvous with Rama*）以22世纪为背景，讲述的不是彗星或小行星的撞击，而是一艘与小说标题同名的巨大外星宇宙飞船——拉玛闯入太阳系的故事。为了让故事按照作者希望的方式发展，拉玛必须被尽早发现。然而，1973年大型望远镜没有用于监测这样的东西，天文学研究的方式很难发现拉玛。专业天文学家对银河系有浓厚的兴趣，不仅是对我们自己的银河系，还有银河系之外的数千个星系。太阳系天文学已经过气了，寻找彗星和小行星成了业余爱好者们乏味的工作。

为了确保拉玛一出现就会被及时发现，克拉克不得不想出一个令人信服的理由，说明为什么小说设定的时间发生了变化。一开始的场景设定在了历史名城威尼斯，一颗小行星直接撞击威尼斯，造成了近百万人死亡。之后，以免未来出现类似的威胁，人们启动了“太空卫士计划”，一直监视天空。正如克拉克所说：“再也不允许任何大到引发灾难的陨石破坏地球的防御系统。”

《与拉玛相会》中，这仅仅是一个星际飞船故事的前奏。当然，这也是科幻小说经典主题之一。但不久之后，其他科幻小说作者就开始设计自己的撞击场景。前面提过，1979 年天体物理学家格雷戈里·本福德和威廉·罗茨勒撰写了《湿婆降临》。故事中，造成威胁的是一颗名叫湿婆的阿波罗小行星，与拉玛一样，这个名字也碰巧来自印度教的万神殿（也可能由于其他方面原因）。1993 年克拉克撰写的另一本小说《上帝之锤》（*The Hammer of God*）又延续了这个取名的方式，用印度教另一位神，卡利（Kali）来命名另一个威胁地球的天体[1]。

克拉克在小说后记中写道，《上帝之锤》出现的时候，灾难即将上演。他自豪地引用了美国国家航空航天局 1991 年主办的国际近地天体探测研讨会上的话：

> 由于担心宇宙撞击的危险，美国国会要求美国国家航空航天局举办一个研讨会，研究如何大幅提高近地小行星的发现率。这份报告列出了一个以地面望远镜为基础的国际调查网络，该网络将此类小行星的月发现数量从几颗提高到上千颗。按目前的发现率来说，以前对大型穿越地球小行星作一个比较完整的普查需要几个世纪，现在这个计划将把时间缩短到大约 25 年。借用科幻小说作者亚瑟·查尔斯·克拉克近 20 年前小说《与拉玛相会》中提出的项目名称，我们把这项

1 现实世界中还没有发现这些危险的天体，就将其与一种特定的文化联系起来，并不是一个好主意。

调查计划称为“太空卫士调查”。

太空监测

现实世界中，太空卫士不是单独的一个项目，而是在全球范围内为寻找可能接近地球轨道的小行星和彗星所做各种努力的统称。这些天体统称为“近地天体”，简称NEOs。这个名称毫无新意，还容易造成歧义，因为“neo”通常指一些新奇的东西，但既然取了这个名字，我们只好沿用了。

全球都在搜寻近地天体，但我们必须得承认，美国是近地天体的主要研究中心。目前为止，美国国家航空航天局提供的资金最多，开展的调查也是规模最大和最成功的，其中最主要的调查有两个。一是卡塔利娜太空调查。自20世纪末以来，美国用了两台大型望远镜在亚利桑那州图森附近的卡塔利娜山脉进行调查。另一个是全景观测望远镜和快速反应系统，简称“泛星计划”。2010年在夏威夷毛伊岛投入使用。正是后一个团队在2017年发现了星际入侵者“奥陌陌”，尽管它来自很远的地方，但仍被认定为近地天体[1]。

1 这颗天体被发现之后，尚未命名之前，《经济学人》杂志评论道：“也许是期待这样的发现，专门负责天体命名的国际天文学联合会至今没有把哪颗小行星称为拉玛。大家觉得‘拉玛’这个名字怎么样？”

搜寻近地天体的基本技术与19世纪初太空警察使用的相差无几。他们当时正在寻找一颗新行星，却意外发现了小行星带。诀窍是看准一小块天空，几小时后再看同一块天空。

由于地球一直在自转，实际上这样的观测并不容易。望远镜放在同一个位置，不一会就会指向完全错误的方向。天文学家知道这一点，所以他们让望远镜以正确的方式移动，一直指向太空中的同一点。如果方法正确，作为背景的恒星根本不会移动，因为它们离我们太远了。任何在几个小时内发生移动的天体，都应该位于太阳系内部。

太空警察的工作如果是手动的话，进展不仅慢，还会枯燥无味。然而，现代电脑技术和数码摄影技术让整个过程实现自动化，速度不仅快上千倍，还更有趣。如果发现了一个以前从未见过的新天体，接下来就是与更大的近地天体团体分享细节，以便后续观测。

目前为止，该过程将标记任何移动的对象，它可能是靠近地球的天体，或是在小行星带或柯伊伯带的天体。它可能第一眼看起来是近地天体，但事实可能相反。探测到天体的时候，它离地球很远，但之后可能又会接近地球。所以这个过程还涉及第二个阶段。一旦发现一个新的天体，需要清楚它的去向。

如果天体运动是随机的，这几乎不可能。即使观察了几个小时或几天，望远镜所看到的只是天体三维运动在二维天空上的投影。幸好，运动是有规律可循的。它遵守开普勒定律，这样问题很容易解决。第二章中，我们提到可以用“轨道要素”，即用5个参数清晰地定义一个轨道，如近日点距离和黄道平面倾斜角。不同时间进行三次观测就可以初步确定这条轨道。随着时间的推移，还可以通过进一步的测量来对其进行优化。

尽管如此，确定轨道并不是一件简单的事情，它涉及一些极其困难的数学问题。1801年发现谷神星之后，人们才意识到这个问题。矮行星发现之后的几个星期，观测忽然中断了一下，当观测恢复时，矮行星就再也找不到了。突然间，天文学界迫切需要一种能确定轨道的可靠方法。不久之后，一位年轻的德国数学家卡尔·弗里德里希·高斯（Carl Friedrich Gauss）发现了这种方法。正如卡丽·纽金特（Carrie Nugent）在《小行星猎人》（*Asteroid Hunters*）中说的：

> 幸运的是，世上还有一位真正的数学天才，他认为这个问题很有意思。于是24岁的卡尔·弗里德里希·高斯开始预测谷神星下一步的观测地点。鉴于椭圆轨道以及地球和谷神星与太阳的相对运动，高斯建立了一个复杂的方程，用各种近似方法求解，有些还是他现场发明的。

在高斯时代，用数值近似法求解一个难以解决的方程是一个新奇的想法，直到计算机的出现，才真正成形。为解决谷神星的问题，高斯发明的一些方法至今仍被软件工程师使用。

近 20 多年来，天文学家一直认真地寻找近地天体，发现的近地天体也越来越多，如下图所示，到 2017 年年底，发现的近地天体的数量约为 18 000 个。

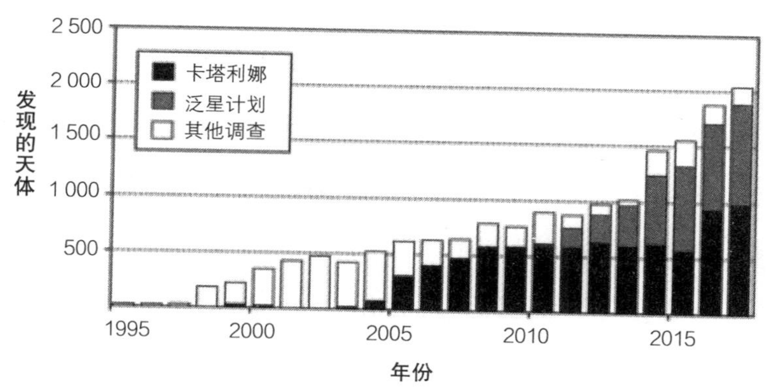

1995 年至 2017 年每年发现的近地天体数量
（根据美国国家航空航天局的数据）

最令人印象深刻的一次是 2008 年 10 月 6 日，卡塔利娜研究小组探测到一个近地天体即将与地球发生直接碰撞，碰撞时间即第二天。这听起来很戏剧，但并没有引起人们警觉，因为这个被称为 2008TC3 的物体，直径只有 3 米。它没有给地球带来危险，反而为科学研究提供了巨大的机遇。

据估算，准确的撞击点是在北非的撒哈拉沙漠。当地人被告知一直要睁开眼睛，埃及和苏丹的观察员看到了流星进入大气层时的踪迹。这个天体在大气层上空爆炸，由于追踪得当，人们知道在哪里可以找到陨石碎片。接下来的几个月里发现了几十块陨石碎片，总质量约 4 千克。这是人类历史上第一次通过三种不同的方式观测和研究近地天体——用望远镜观测太空的天体，用肉眼观看天空中的流星，实地考察地上的陨石碎片。

除科幻小说外，在与地球相撞前几个小时发现近地天体，这比较罕见。通常情况下，即使存在碰撞的风险，也可能是未来数年或数十年甚至数百年。这需要推断撞击天体和地球的轨道，判断它们是否会同时出现在同一个地方。

但是，位置不必精确到完全相同。想象一下在射击场向靶心射击。子弹离中心的距离小于靶环半径，那就是命中，反之就是未命中。现在让我们用地球代替目标，用近地天体代替子弹。除了规模不同之外，情况是否完全相似？事实证明并非如此。

比尔·纳皮尔的小说《复仇者》对这个问题作出了很好的解释。这本书已经提到过几次了，本书结尾还会在本书中再次出现。小说中的一部分情节围绕着一群近地天体猎人展开。与卡塔利娜天空调查一样，他们就职于一个叫作鹰峰的虚构天文台，天文台位于亚利桑那山。他们推断一个叫作复仇者的天体即将与地球碰撞。以下是他们关于这个问题的部分讨论：

“复仇者不会直线前进。受地球引力的作用，它的轨道会发生弯曲，”萨切弗雷尔（Sacheverell）反对道。

韦伯（Webb）走到黑板前，与谢菲（Schafer）开始乱涂。韦伯先想到了什么。“嘿，赫伯总算想到办法了。引力聚焦将增加地球的目标区域。引力靶区比几何靶区大$\left(\frac{V_E}{V}\right)^2$，其中$V_E$是复仇者从地球逃逸的速度，$V$是复仇者的接近速度。

这听起来太专业，简言之，近地天体经过地球时受地球引力的影响会被拉向地球。用射击场比喻来说，就相当于一颗子弹在“未命中”的轨迹上突然弯曲并击中目标。纳皮尔小说中的人物所引用的代数意味着近地天体运行速度越快，就越不容易被拉进去，在我们看来，这是高速碰撞相对低速碰撞的优势。这一切都归结于接近速度与逃逸速度的关系。

顾名思义，逃逸速度是物体避免被地球引力俘获的速度，约 11 千米 / 秒。如果近地天体以这种速度经过地球，有效目标区域将加倍，如果速度低于此速度，则有效区域增加得更多。另一方面，速度增加，引力聚焦效应将减小。如果速度翻倍，增加到 22 千米 / 秒，目标区域只会增加 1.25 倍，如果速度达到 33 千米 / 秒，目标区域只会增加 1/9 倍。

如果我们能准确地推断近地天体的轨道，撞击问题将会非常明了。轨道穿过目标区域，那就是命中，否则就是未命中。实际上，事情从来不会这么简单。计算出的轨道只是一个近似值，特别是在天体被发现后不久的一段时间内，能观测到的范围很少。也就是说，天体的预计位置周围有一个不确定的区域。因此，天文学家只讨论碰撞的“概率”，通常用百分比表示。它实质上是目标区域的大小占周围不确定区域的百分比。

这是一个有趣但经常被误解的结果。如果不确定区域很大，地球位于不确定区域内部，则碰撞的概率很小，但不排除可能性。随着观测的增多，不确定区域逐渐缩小。因为你是用一个相同的目标区域除以更小的不确定区域，所以只要地球在其内部，碰撞的概率就会增加。

幸运的话，你得到的不确定区域已经缩小为一个点，地球已不在里面。这种情况发生时，概率会直接降到零。这是简单的几何学，但一些阴谋论者却高呼真相被掩盖起来了。

前几章提到过类似的事情：2013 年 2 月，小行星杜恩（Duende）穿过地球轨道时，天文学家知道它会离地球很近，但不会相撞。并非所有人都相信他们，当一颗巨大的流星在车里雅宾斯克上空爆炸时，一些怀疑者认为自己被证明是对的。然而，正如我们已经知道的，爆炸的流星与天文学家预测的天体完全不同。

他们没有看到它的原因是车里雅宾斯克天体来自太阳的方向，换句话说，它只有白天高于地平线，那时望远镜看不到它。

（是的，在地球另一边是夜晚，望远镜朝向的是相反的方向。）太阳周围的这个盲点对近地天体猎手来说一直是件烦人的事，他们只希望隐藏在那里的任何东西在击中我们之前能自己出来。但车里雅宾斯克天体却没有。

2002年，美国国防部长唐纳德·拉姆斯菲尔德（Donald Rumsfeld）发表了奇怪的评论，叫作“已知的未知”和“未知的未知”，许多人认为这只是政客们说的一些蠢话。事实上，这种区别并不是毫无意义。目前，“未知的未知”指一些本质上无法探测的东西，比如黑洞或一大块暗物质。而车里雅宾斯克天体就是一个“已知的未知”。一个完全正常的小行星隐藏在我们知道可以藏匿的地方。

除了望远镜的物理局限性，筛选搜索结果的软件缺陷，还有其他已知的未知因素。但是，这些不足反而是我们前进的动力，我们应努力去克服它们。例如，我们可以计算出有多少“已知的未知”的近地天体，换句话说，我们可以计算出目前的调查方法会漏掉近地天体总数的多少部分。据此，天文学家推算出2012年，尺寸超1千米的近地天体中，只有10%未被发现。这个数据比较低，我们大可放心，但令人担忧的是，100米以上的天体中，70%仍未被发现。

知己知彼

近地天体中，哈雷彗星因轨道与地球轨道相交而最负盛名。1986 年，穿过太阳系内部时，一共 5 个探测器访问了它，这样的近地天体还是头一个。这 5 个探测器统称为“哈雷无敌舰队”，其中 2 个来自苏联，2 个来自日本，1 个来自欧洲航天局（ESA）。最后一个探测器名叫乔托（Giotto），3 月 14 日它从哈雷核中心 600 千米处掠过，这也是迄今为止最近的一次相遇。然而，如果没有其他四个探测器提供的数据，这是不可能的，只不过其他的探测器几天前飞过哈雷时，离哈雷更远一些。

事实上，正是因为没有周围尘埃和气体的遮挡，乔托捕捉到了彗星核的第一张照片，它还看到了尘埃和气体，在彗星的向阳面上有几个不同的喷流。喷射物的化学成分主要是水，含量为 80%，其余是一氧化碳、甲烷和氨。

如果这是一部科幻电影，我们可以说“乔托飞离地球，飞向哈雷彗星”，然后留在那里。然而，现实世界里，我们需要更详细的解释。先回顾一下哈雷轨道在 39 页的轨道图。哈雷绕着太阳转，但绕转方向正好与地球相反，它一共从两个地方穿越地球的轨道，按时间顺序的话，正好是地球的 10 月和 5 月。在它 1986 年的旅程中，哈雷在 2 月到达近日点，返回地球轨道交叉口是“5 月”。当然，地球也正朝着“5 月”时的位置前进，但速度较慢。

哈雷到达那里的时间是3月中旬。

现在更清楚乔托肩负着什么使命。它必须找到通往地球轨道“5月”那个点的捷径，比地球提前两个月到达那里，即与哈雷彗星的时间完全相同。

这本书中，开普勒定律第 *n* 次拯救了我们。与太阳系中所有天体一样，太空探测器也严格地遵循该定律。根据第三定律，完成一个较小轨道所需的时间更短。这意味着乔托可以在内轨道上超越地球。1985年7月，它被发射到一个比地球的轨道偏心率更小的轨道。远日点与地球相同，为1 AU，但近日点近得多，为0.73 AU。到达那个距离后再次返回地球轨道，它成功地缩短了两个月的时间，最终在准确的地点和时间与哈雷近距离接触。

这个办法听起来很巧妙，但实际没那么简单。乔托和彗星一直快速地朝不同的方向移动，相遇非常短暂。乔托在与哈雷分道扬镳之前，只有一个小时左右的时间对哈雷进行拍摄。如果想时间更长，观察更仔细的话，还有一个更好的办法，就是让探测器的轨道与彗星匹配，可能的话甚至可以着陆到彗星上。近30年过去了，欧洲航天局才完成了这一设想，这就是罗塞塔-菲莱任务。

这次任务令人印象深刻，不仅仅因为它向我们展示了太空的壮举，更重要的是从未有机器人完成过太空任务，完全超出了人们的想象。登陆当天，也就是2014年11月12日，数百万条带有

“登陆彗星”标签的推文发出，“登陆彗星”成为全球热门话题之一。从某种程度讲，这次任务与科学紧密相关，欧洲航天局特别擅长媒体的公关部也为这次任务提供了帮助，其中包括设计罗塞塔飞船及其探测器“菲莱”的拟人卡通形象。

这次的另一个目标是一颗名为67P/楚留莫夫－格拉希门克的短周期彗星。远日点为5.7 AU，刚好超出木星的轨道，近日点为1.2 AU，刚好超出地球的轨道，因此是一颗近地天体，虽然不是特别危险的一颗。

2004年3月“罗塞塔”号发射升空，花了十多年的时间，最终到达67P彗星，这似乎是一段非常漫长的旅程，为什么会这么长呢？让我们仔细想想。罗塞塔旅程的最远距离是到木星轨道，实际上是它与地球的最大距离，大约4 AU。地球一年内的行程比这还要远[1]。那么“罗塞塔”为什么会花这么长的时间呢？

答案不是唯一的，而是多种因素作用的结果。首先，因为遵循开普勒定律，“罗塞塔”不能简单地沿直线行进，它必须沿着椭圆形的路径行进。离太阳越远，移动越慢。以67P彗星为例，尽管近日点离地球很近，但远日点非常遥远，“罗塞塔”完成一个轨道的时间相当于地球的6倍。

1　地球轨道近似半径为1 AU的圆周，圆周为2πAU，或约6.26 AU。

另一个问题是，“罗塞塔”不足以到达与 67P 彗星相同的位置，它到达那里时，运行轨道必须与彗星完全相同。它从地球轨道出发，向 67P 彗星的轨道缓慢向外作螺旋运动，因此时间长得离谱。

当它最终到达那里时，相对速度必须降低，才可以进入围绕彗星的轨道。罗塞塔太空探测船传回了一系列图像，这些是人类从未见过的壮观景象，只有在这个时候，这么多年的旅行才有了回报。

罗塞塔太空探测船“进入了围绕彗星的轨道”说明彗星有自己的引力场。不错，因为它有质量，虽然空间范围只有 4 千米，

67P/ 楚留莫夫-格拉希门克彗星，2014 年 9 月罗塞塔太空探测船拍摄

欧洲航天局 / 罗塞塔 / 纳夫坎，知识共享许可协议文本

这在太阳系中引力场不算最强。即使在彗星表面，它的引力也只有地球引力的百分之一。这太小了，你可能都不会注意到。

这说明“菲莱”要降落到彗星上，并固定在那里不是一件容易的事情。事实上，整个登陆没有完全按照计划进行，探测器反弹了好几次，最后降落在了一个荫蔽处，太阳电池板不能工作。探测器不得不依靠一个 12 瓦电力的电池维持了三天。欧洲的各个团队设计了无数的实验，都焦急地等待着结果。“菲莱”有很多事情要做，还要应对其他许多问题。长达十年的彗星之旅中，太空任务所需的长时间意味着菲莱的电子产品落后当前时代 20 年。虽然听起来很不可思议，但它的内存容量只有 6 兆字节。

正如科普作家布赖恩·克莱格（Brian Clegg）所说：“菲莱存在资源限制、多项目调度的问题。多项目指不同的实验，而资源限制则是能源供应和可用内存。”毫不奇怪，为了确保菲莱能够在有限的时间内发回最多的数据，地球上进行着疯狂的计划，为解决这个问题，运用了一种复杂的数学技术，称为约束编程。用一位参与者，埃曼纽尔·希伯拉德（Emmanuel Hebrard）的话来说：

> 每一种仪器都由一个欧洲的研究小组设计，且要等约 20 年才能知道结果。很明显，他们都希望有足够的资源让实验正常运行，如果可能的话，可以多次运行。通过优化活动计

划，我们希望帮助他们尽可能多地进行科学研究。

幸运的是，这一计划获得了成功，菲莱成功地对彗星表面进行了化学分析，这是其他任何方法都不可能做到的。它探测到了大量的有机物质，这一发现得到了罗塞塔主航天器进一步观测的支持。这引起了钱德拉·维克拉马辛赫的兴趣。在他的长期合作者弗雷德·霍伊尔去世后，他是现在世界上“外星微生物”理论的主要支持者。正如维克拉马辛赫所说：

> 无可争议，弗雷德爵士是天体生物学的先驱者之一，如果罗塞塔探测器在彗星上找到了生命的证据，这正好是纪念他一百周年诞辰合适的礼物。

大多数科学家更为谨慎，包括欧洲航天局自己的任务团队。当被问及“彗星上存在生命的证据”时，他们不太相信这一猜测，认为这是“纯粹的推测”“极不可能”。

尽管罗塞塔任务如此引人注目，但它并非没有先例。甚至在发射之前，美国国家航空航天局的近地小行星会合飞船，又称尼尔（NEAR）就曾与爱神（Eros）完成了类似的壮举。爱神是一颗阿莫尔型小行星，近日点在地球轨道外，为 1.1 AU。直径超过 30 千米，是已知的最大的近地天体。2000 年 2 月尼尔进入爱神附近轨道，并在一年后按计划着陆，然而媒体对此并没有大肆宣传。

也许人们对小行星的兴趣并没有像彗星那样浓厚，或者也许美国国家航空航天局的公关技巧不如欧洲航天局。他们没有帮宇宙飞船取一个好听的名字，反而根据尼尔-苏梅克（NEAR-Shoemaker）取了一个笨拙的名字——尼尔。他是苏梅克-列维 9 号彗星的共同发现者之一，原名叫尤金·苏梅克（Eugene Shoemaker），死后改名为尼尔-苏梅克。然而，这次任务和罗塞塔一样取得了很大的成就。与菲莱不同，着陆过程完美无瑕，并且没有发生任何故障，飞船在两周后陆续传回重要的数据。

不幸的是，这些数据仅证实了大家的猜疑：爱神只是一块大石头，没有挥发性物质，没有引人注目的尾巴，也没有氨基酸，不会引起人们对外星生命的猜测。正如美国国家航空航天局的网站指出，爱神没有给我们带来太多惊喜，它只是“太阳系形成过程中的一个坚硬的、未分化的原始遗迹”。

不是所有的小行星都像这样无聊，有些确实会让人惊喜。有一种小行星是碳质小行星的来源，比如说，本努（Bennu）。它恰好是一个阿波罗小行星，会穿越地球的轨道，存在潜在危险，因此它是美国国家航空航天局下一个任务的目标，他们赋予这个任务更生动形象的名字——奥西里斯-雷克斯（Osiris-Rex）。这是某些东西的缩写，同时也是埃及死神的名字。未来的某个时刻，本努有可能撞击地球，虽然可能性很小，但也有可能。它的直径 500 米左右，这意味着可能产生 15 000 兆吨（MT）TNT 当量的爆炸。

奥西里斯-雷克斯任务的目标是从本努提取一块岩石样品带回地球。这样的任务不是第一次；早在2010年，日本航天器“隼鸟”号（Hayabasa）带回了阿波罗小行星糸川英夫（Itokawa）的样本；随后“隼鸟”号2号打算重演壮举，从另一颗靠近地球的小行星——龙宫（Ryugu）[1]取回样本。但这次任务期盼带回的样本大得多，不是1克，而是1千克甚至更多。对于这样大的小行星样本，成分分析将更加深入。毕竟，知己知彼，百战不殆。

小行星采矿

前面提到的希克苏鲁伯撞击事件表明小行星含有地壳中极为罕见的重金属——铱，这引起了学术界极大的兴趣。此外，铱是工业上一种珍贵的材料，可以用于制造电子元件。与地球表面附近相比，小行星里更容易找到类似锇、钯和铂等其他元素。由于非常稀缺，铂的货币价值很高，堪比黄金。事实上，铂还是一些现代技术的关键成分，但是地球上的铂可能在几十年内就会枯竭。

如果美国国家航空航天局的奥西里斯-雷克斯任务成功，将证明小行星物质可以带回地球。许多私营企业如深空工业和行星

1　撰写本文时，正值2018年年末，“隼鸟”号2号正绕着龙宫运行。

资源公司都在计划不久的将来开发小行星采矿，这也会起到辅助作用。除了以上提及的稀有元素外，小行星还含有地球上常见的材料，如铁、铝甚至水，虽然从地球进入太空成本高昂，但这些材料可以直接用于太空项目的建设。

因此，小行星不仅是一种太空危害，还是一种机遇。在后面的章节中，我们将讨论一些促使小行星偏离，避免与地球相撞的方法。希望所需的硬件不必经常使用，那么这些会被制造出来吗？如果它在小行星开采中扮演着双重角色的话，我们更有可能看到曙光。

评估风险

英国的政治家勒米特·奥皮克（Lembit Opik）是最早高调谈论撞击威胁的人物之一。1999 年，英国广播公司引用他的话说：

> 我呼吁政府认真对待小行星或彗星对地球的撞击。虽然这事现在是个天大的笑话，说这话让人觉得我像是一个千年预言家或议会的占卜者，但实际上这个威胁非常严重。

奥皮克可能不太擅长说服政府或公众相信威胁的严重性，但作为英国最古怪的政治家，制造笑点却是一流。失去议会席位后，他甚至一度涉足喜剧表演。不过，某种程度上讲，奥皮克在天文学方面还是称职的。他的祖父恩斯特·奥皮克（Ernst Opik）是爱沙尼亚人，曾是一名专业的天体物理学家。他观察奥尔特云近20年，在1932年提出长周期彗星可能起源于太阳系外缘的球状云。他也是首批认真对待小行星撞击威胁的天文学家之一。

1958年，老奥皮克撰写的论文《关于天体碰撞的灾难性影响》刊登在爱尔兰天文学杂志上。当时他正在北爱尔兰的阿玛格天文台工作。基于小行星大小的数据，他估算出平均每三百万年就会有1千米大的天体撞击地球。这个数字与前一章中讨论的周期性无关，只是随机的结果。

奥皮克还指出，较小的天体比较大的天体数量更多，撞击的频率也更大。他估计，对于500米大小的天体，撞击的间隔时间会降为600 000年，250米大小的天体的撞击间隔时间为100 000年，100米大小的天体的撞击间隔时间为1万年。

这个见解非常重要，超前了几十年。全世界足足等了50多年，才等到了一个官方的说法。2010年，美国国家科学院发表了一篇名为“保卫地球”报告，副标题更平淡无奇，叫作“近地天体附近调查和风险缓和策略”。分析与奥皮克类似，但更深入，引用了最新的近地天体数量的统计数据。报告的结果以图形的形式呈现，汇总的数据如下：

天体大小（单位：米）	近地天体数量的估计值	撞击的平均间隔时间（单位：年）	能量［单位：兆吨（MT）］
20（车里雅宾斯克规模）	10 000 000	80	1
60（通古斯卡规模）	1 000 000	400	10
100	100 000	5 000	100
1 000	1 000	500 000	100 000
10 000（希克苏鲁伯规模）	10	50 000 000	100 000 000

值得注意的是，如今已知近地天体比几十年前多得多，最新研究系统地给出的撞击频率比奥皮克更高。不过，唯一确定的是，这些数据仍被解释为统计平均值，而不是周期模式。用天气数据来类比，一本伦敦旅游指南可能会告诉你，平均三天就有一天会下雨。没有人会这样理解：如果有一天下雨，接下来的两天肯定不下雨。同样，撞击也是一样。这张表上显示，一颗 60 米的小行星 100 年前撞击了通古斯卡，两次撞击之间的平均间隔为 400 年，这并不意味着未来 300 年内是安全的。

再来看一下这张表，还会发现两件显而易见的事。第一，小的天体撞击比大的撞击发生的频率更高；第二，大的天体撞击比小的撞击更具破坏性。那么，我们更应该担心哪一个？一个不可能发生的全球毁灭，还是一个可能发生，但只造成一座城市的摧毁？事实是，任何一种可能性都不能忽视。

为了改变这种状况，1999 年意大利都灵市举行了一次会议。

说英语的国家叫它图林，但它的意大利名字是都灵，讨论出来的指标叫作“都灵危险指数”（Torino scale），旨在用 1 到 10 的数值衡量未来不到 100 年内发生撞击造成的危险程度。这个指数并没有想象的那么简单，需要考虑两个变量——撞击物的大小和撞击地球的概率。

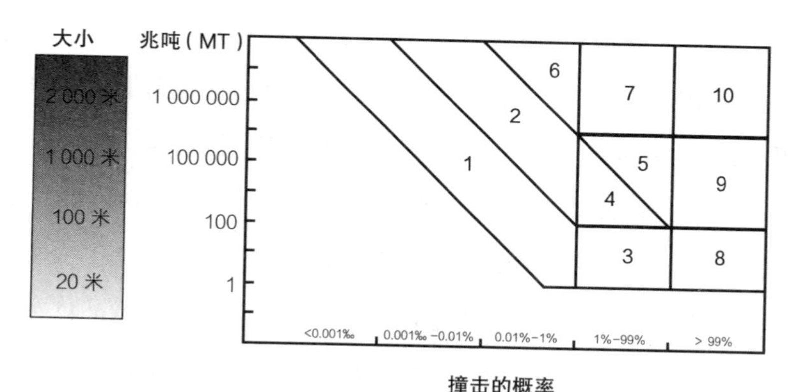

都灵危险指数取决于撞击物的大小和撞击地球的概率（注意，两个等级都是非线性的）

了解都灵危险指数如何运作，最简单的方法是举一个具体的例子。一个大小 60 米，类似撞击通古斯卡的天体，如果撞击可能但不会发生，都灵危险指数是 1；如果很可能撞上的话，都灵危险指数是 3；肯定撞上的话，都灵危险指数为 8。

现在有一个好消息，目前，或者说在写这本书的时候，没有一个已知天体的都灵危险指数级高达 1。换言之，我们所知道的一切天体，要么太小，不会对地面造成任何损害，要么未来一百年内与地球相撞的可能性为零。

情况并非总是如此。都灵危险指数确立以来，数十个新近地天体首次发现时被标记为 1 级，用精确的数据确定轨道后，指数才降为 0。只有一个天体的都灵危险指数高于 1 级，其实是相当于让人担忧的 4 级，威胁较大。它就是毁神星（Apophis），一种“阿登型”的小行星，直径为 350 米，比撞击通古斯卡的天体大得多，产生的能量也是千兆吨（MT）TNT 当量级别的。

你们很多人应该记得，阿登型的小行星远日点在地球轨道外，近日点在地球轨道内，不到一年的时间内围绕太阳绕了一圈。以毁神星为例，轨道周期只有 10 个月，有很多接近地球的机会。2004 年首次发现毁神星时，预计 2029 年有可能撞击地球，概率高于 1%。加上直径 350 米，都灵危险指数达到 4 级。

幸运的是，随后的观测显示毁神星改变了轨道，排除了碰撞的可能，因此都灵危险指数发生降级。2029 年，它与地球的距离非常接近，甚至比月球更近，肉眼看起来可能像光线较暗淡的星状天体，但是它不会撞上地球。这给了我们时间思考如果真的撞上，我们该怎么办？

7

行星防御

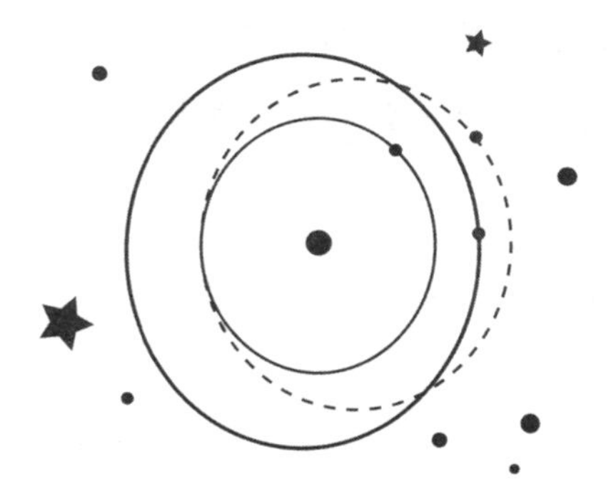

▶▶▶

1998 年，两部好莱坞电影上映，人们才认识到发射宇宙飞船可以避免宇宙撞击。5 月上映的《天地大冲撞》情节虚幻，剧情慢得令人难以忍受，充其量就是一部无聊的灾难电影。但不能不说两个月后上映的《末日大决战》情节引人入胜、扣人心弦。专业角度来看，《天地大冲撞》更像是一篇枯燥的博士论文。在互联网电影数据库上不起眼的一页里，关于《末日大决战》有这样一段文字：

> 美国国家航空航天局在管理培训项目中播放了这部影片，要求新的管理层尽可能地找出错误，最终至少有 168 个错误被发现。

这可能是虚构的，也可能是真的。这些不是小错误，而是很大、很可笑的错误。一个场景中，即将到来的小行星被描述为“得克萨斯大小”，也就是说，这颗行星直径大约是 1 200 千米，这相当于杀死恐龙的奇克苏鲁伯陨石的一百倍。事实上，根本没有那么大的小行星。小行星带中最大的天体——矮行星中的谷神星直径也不超过 1 000 千米。

更糟糕的是，电影里说距离撞击还有 15 天，“世界上只有 9 架望远镜可以发现小行星”。那根本站不住脚。只要做一些简单的计算，你就会发现，如果小行星真的像他们说的那么大，仅凭肉眼便可观察到。

这些只是《末日大决战》中犯的一些科学错误，这样的错误其实还有很多。真有那么糟糕吗？《天地大冲撞》和《末日大决战》可能是糟糕的电影，但公众的确因此开始重视宇宙撞击。总而言之，利可能大于弊。

当然，关于这两部电影，还有一点需要提及。它们传达了一个思想：我们可以利用现在的核武器来摧毁即将到来的小行星或彗星。这是真的吗？或者又搞错了？

如何炸毁小行星

先不用管《天地大冲撞》中的那颗得克萨斯大小的小行星，无论如何，那样的小行星都是极不可能的。据说，后一部电影是根据亚瑟·查尔斯·克拉克小说《上帝之锤》拍摄的，但很难发现两者的相似之处。《上帝之锤》不是克拉克最好的小说，但至少尽力做到与科学相符。如前所述，小说中，威胁来自一个名为卡利的天体，它可能是一颗阿波罗小行星，也可能是一颗老化的彗星。最大长度 1 295 米，最小宽度 656 米，大小相当于很多城市公园，体积虽然比好莱坞电影里的小得多，但如果击中地球，也足以造成巨大的破坏。因此我们先聚焦这个天体，用现在的核武器能炸毁一个虚构的、像卡利一样大小的天体吗？我们需要好好思考一下。

最强的核武器是冷战期间扩散的氢弹，至今仍大量存在。1952 年 11 月 1 日，美国在太平洋的艾鲁格拉布岛（Elugelab）进行了第一次代号为“艾薇·迈克”（Ivy Mike）的核武器试验。现在，如果你在维基百科上查找艾鲁格拉布，你会发现它用过去式来描述这个岛。因为 1952 年 11 月 1 日这个岛就不存在了。艾薇·迈克的爆炸产生了一个直径近 2 千米的弹坑，正好比岛大。

同样，如果小行星的直径只有 1.3 千米，而制造的弹坑 2 千米，这对于小行星是非常致命的。艾薇·迈克产生大约 10 兆吨（MT）TNT 当量的能量，属于典型的冷战时期核武器，如果你想确定核武器是否可以完全炸毁小行星，你可以引爆几颗那样大小的核弹头。结果只有一个：确实可以用核爆炸炸毁小行星。

然而，这不一定是个好主意，因为一些大的碎片可能仍然会造成相当大的危害，这些碎片会继续沿着原有的轨道朝地球方向前进。这个观点最早由业余天文学家、科普作家邓肯·卢南（Duncan Lunan）于 1973 年在短篇故事《如何炸毁小行星》中提出，在当时基本没有人关心这个话题，后来才逐渐流行。《如何炸毁小行星》讲述的是一颗直径 1.5 千米小行星在即将与地球发生碰撞时，人们使用核导弹炸毁小行星的故事。尽管小行星爆炸成碎片，碎片却继续前行撞上地球，产生出多次小碰撞。

由于这个原因，“爆炸”选项——或者科学家们所称的“破坏”选项在解决宇宙撞击问题的方法列表中排在很后面。这不是因为可能性小，或执行起来很困难，而是因为这不是最佳的解决途径。聪明的办法是让小行星“偏离”而不是“破坏”它。要知道原因，需要再次讨论其运行轨道。

炸毁某物带来的结果是，碎片仍然会遵循大致相同的轨道，以不同的速度飞出。因各自轨道不同，需要很长时间才能偏离轨道，错开地球。我们真正需要做的不是把天体炸飞，而是使它偏离危险的轨道。

轨道与地球相交本身不是一个大问题。数以千计的近地天体在这样的轨道上，其中的任何一个都可能在碰撞事件中造成巨大的破坏。除了轨道相交之外，还需要另一个条件，就是地球和近地天体须同时出现在同一个地方。从近地天体的角度来说，需要击中一个移动目标，而且是移动非常迅速的目标，这是一个大问题。近地天体错过地球的方式远比撞上地球多得多。

鉴于此，如果碰撞即将发生，有很多方法可以改变轨道，以避免撞击。最简单的方法是：把天体推到一边，这样就不会被撞到。另一个方法是放慢或者稍微加快天体的速度。地球以 30 千米 / 秒的速度绕太阳旋转，七分多钟就可以移动大致自己直径那么长的距离。如果近地天体到达交叉点稍早或稍晚，我们都将是安全的。

现在看来，事情越来越简单了。不管哪种方式，我们要做的就是给近地天体一个推力。如果把它推到一边，它会与地球错过。如果往后推，它会慢下来，也会错过。如果往前推，它会加速，也会错过。

当然，你会想到还有一个问题，对！这就是近地天体所需的推力必须足够大，大到比我们过去推动过的任何东西都要大，就如油轮或航空母舰。直径 1 千米的岩石重达十亿多吨，这相当于 10 000 艘航空母舰。怎样才能把这么大的天体推到一个新轨道，即使只是推动很小的一段距离？

事实上，核爆炸仍然是不错的选择。爱德华·泰勒（Edward Teller）是最早支持这个观点的物理学家之一。前面提到过哈罗德·尤里和路易斯·阿尔瓦雷茨，他们都是曼哈顿项目参与者、设计第一颗原子弹的科学家，泰勒也是一样。战后，泰勒参与制造更具破坏性的武器——百万吨级氢弹，并做出了重大贡献。这不是一个人的成就，但他却获得了“氢弹之父”的称号。

这是一个大多数人都会感到羞耻的荣誉，但泰勒对此感到自豪。在他的余生中，除了军用，他任何情况下都提倡使用氢弹。20 世纪 60 年代，地面上需要造一个大陨石坑，经过反复测验，泰勒建议使用氢弹，挖掘出人工海港。1995 年，87 岁的他又参加了一个行星防御研讨会，主题是“炸毁小行星”。

泰勒提议应该用机械手段将小行星表面的一小部分切割成碎石，用他自己的话说：

> 我们在地表附近可以放一个核爆炸物，它会照射已经切割的碎片。核爆炸物均量化碎石后，会推动其向某个方向移动，剩余 90% 的物质会因为爆炸被推向另一个方向。主体的反作用力将非常强大，毫无疑问，这个时候就可以发生一个适当的偏移。

这不是一个愚蠢的办法，但很复杂。首先需要一艘航天器，匹配小行星的速度，然后航天器降落在它上面，长时间在上面工作。最后一章我们会提到，这个过程需要数年。（相比之下，乔托 8 个月飞越哈雷彗星，罗塞塔与 67P 彗星匹配花了 10 年时间）如果整件事都能一次性解决，那将会更快、更简单。

我们要做的就是靠足够近，在极短的时间内制造出一种对峙爆炸，短暂得就像引爆炸弹那样。之后，剩下的就靠物理定律了。格瑞特·范楚尔解释道：

> 爆炸产生了巨大的能量，尤其是产生了快速移动的中子，爆炸一侧的小行星表面被稍微加热，气体和尘埃开始从表面流出，就像一个喷射器，推动小行星进入另一个轨道。

格雷戈里·本福德和威廉·罗茨勒的小说《湿婆降临》中曾

使用过该方法。从物理学角度来讲，这可以说是小行星偏离问题最好的科幻处理方法。（这并不奇怪，正如本书其他地方提到的，本福德本身就是天体物理学教授。）小说中的一个角色提出了一个有趣的观点：无论炸弹的能量有多大，只有一小部分能量能真正用于改变小行星湿婆的轨迹：

> 与简单地将爆炸能量转换成湿婆的动能变化相比，这种炸弹的能量利用率约为3%。

当然，这只是反对这种特殊做法的理由之一。围绕核问题的争论也是不可避免的。一百多个国家批准了1967年的《外层空间条约》，其中包括承诺“不在地球轨道上放置任何携带核武器的物体”。在小行星偏离任务的背景下，这一条款可能会有争议，技术层面上，炸弹不是一种“武器”，而且它会围绕太阳而不是地球运行。但实际上这只是在玩文字游戏。无论如何，1996年《全面禁止核试验条约》规定禁止在太空进行一切核爆炸，无论是军用，还是民用。

因此，暂时忘掉核武器吧！先不提能源效率，看看能否找到一个政治上更容易接受的避开近地天体的方法。

用子弹打子弹

将能量传递给近地天体最有效方法是高速撞击它。这不需要任何类型的弹头，只需要精确定位，以很快的撞击速度撞击即可。这有点像用子弹击中另一颗子弹。冷战期间这样的描述经常用在反弹道导弹（ABM）。用另一枚核导弹摧毁即将到来的核导弹，因为破坏范围很大，所以不需要特别接近目标。1972 国际条约禁止核反弹道导弹后，事情变得更加棘手。现在的问题是一个非武装反弹道导弹和来袭的导弹发生正面碰撞，希望凭动能摧毁它，这要求空间和时间的精确定位。

拦截近地天体与反弹道导弹面临同样的挑战。除此之外，还有一个问题。在导弹对导弹的情况下，二者的质量和速度需基本均衡，动能也是一样。然而在近地天体上却没有这样的平衡，目标的动能比拦截器的可能大十亿倍以上。

科学界非常重视这个大难题。美国国家航空航天局把它叫作动能撞击器，甚至尝试过类似的东西，但规模非常小。2005 年，一艘名为“深度撞击”的撞击器撞击了坦普尔 1 号彗星（Tempel 1）。取这个名字不是因为坦普尔 1 号彗星对地球构成了任何威胁，它甚至不在接近地球的轨道上，这只是对 1998 年惊恐电影的肯定。撞击对彗星本身造成了影响，正如近地天体猎手卡丽·纽金特解释的：

这次任务是为了制造一个陨石坑，扰动表面物质来对彗星地表进行研究。为了完成这个目的，宇宙飞船需用一个重物撞击彗星，大约是一个重 372 千克重的探测器，速度为 10 千米 / 秒，比子弹还快。这次任务不是为了改变彗星的轨道，但正如你所料，轨道确实发生了微小的变化。彗星的速度改变了大约 0.000 05 毫米 / 秒。

坦普尔 1 号彗星已经有很多陨石坑了，但由于美国国家航空航天局的“深度撞击”探测器，陨石坑又多了一个。

某种程度上讲，一切看起来都很乐观。从发射到抵达彗星，“深度撞击”用了不到 6 个月，这比罗塞塔遇到 67P 彗星要快得多。这是因为两次任务的目的完全不同，罗塞塔需尽量接近彗星的速度，而“天地大冲撞”恰恰相反，探测器与彗星的相对速度越快，动能就越高。

“深度撞击”探测器没有试图改变彗星的轨道，但撞击彗星的速度刚好合适，约 10 千米 / 秒。由于质量很小，产生的影响不大。除了速度，动能是另一个因素。探测器只是将动量转移到彗

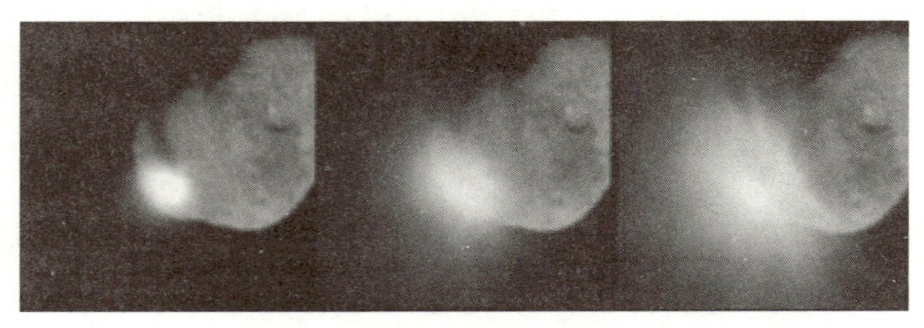

三个视频录制了“深度撞击”探测器撞击坦普尔 1 号彗星的场景

美国国家航空航天局图片

星上，相当于质量乘以速度。如果彗星的质量是探测器的一万亿倍，速度变化则是探测器速度变化的万亿分之一。

实际上，由于另一个因素发挥作用，实际情况更好，科学家把它称为 β。正如你在美国国家航空航天局的图像中看到的那样，撞击后，彗星自身的大量物质冲入太空，带走多余的动能。根据天体的成分，β 值在 1[1] 到 10 变化。如果天体坚硬、密度大，β 值就高；如果呈海绵状、多孔，β 值则低。

当然，如果美国国家航空航天局“深度撞击”小组真的想改变坦普尔 1 号的轨道，他们可能会使用一个更巨大的撞击器，或者一个撞击器舰队，可能还需要更高的撞击速度。这不单单是简单的尝试，而是希望能起作用。他们会提前估算，确保达到一定的质量和速度，以期产生预期的效果。

这是科学家们喜欢做的事。给他们一个威胁地球的天体，告诉他们这个天体的组成和运行轨道，他们会精确地计算出击中它有多难，怎样把撞击变为完美的错过。2018 年 2 月，《航天学报》上刊登了一篇这类型的理论文章，题目是“行星防御中的方法和不确定性：任务规划和灵活反应的载具设计”。作者不少于 15 名，分别来自美国各政府机构，其中 6 名来自美国国家航空航天局。

---

1 理论上讲，如果运气不好，在撞击的另一边引发大量物质的喷发，β 可能小于 1，甚至是负值。

此外，因为加上一个非常吸引眼球的概念——“锤子”（用于超高速小行星应急救援任务），小报媒体完全搞错了方向。《每日镜报》的标题是：“美国国家航空航天局在建造锤子太空船，拯救地球免受剧烈小行星撞击。”

实际上，没有人在造东西。如果要建的话，这个工程需要一个工程师团队和数十亿美元的预算。我们只有一群理论科学家，花很少的钱，做着一些数学计算。这就是科学家们一直在做的事情，不像小报头条写的那样。如果你想知道事实，《航天学报》的文章可以在网上免费下载，内容很有意思。

科学家们选择了小行星本努作为案例分析，本努这是美国国家航空航天局“奥西里斯-雷克斯”任务的目的地。基于目前轨道的分析，本努将在未来几年接近地球，但距离不近，不会构成碰撞风险。当然，这对这项研究毫无用处。文章的作者们假装认为本努的轨道略有不同，2135 年它将撞击地球。问题是要明白，需要什么样的方法，防止这种撞击。

第一个问题是本努的速度要改变多少，才能避开地球。一般来说，将本努的轨道改变一个地球半径的距离就可以了。实现这一目标的关键是何时改变速度。大致讲，就是用 200 毫米 / 秒除以撞击年份到 2135 年得到的年数。因此，如果你在 2125 年时撞击它，速度必须改变 20 毫米 / 秒，如果你想提前 25 年，就是

2110，只需要改变 8 毫米 / 秒。据研究者的说法，后一个数字更具可能性。据估算，如果 β 值为 2.5，美国国家航空航天局下一代空间发射系统需要同时发射三个“锤子”拦截器，就可以产生预期的效果。

像本努这样的近地天体，研究比较透彻，25 年的准备时间应该不成问题。事实上，这种情况我们可能提前一个世纪或更多的时间预知即将来临的撞击。然而，奥特云的彗星要到达土星或木星的轨道才会被发现，留给我们思考的时间比较短，大概只有一两年。“锤子”小组也有一个解决办法，这是科幻迷们喜欢的答案：“如果冲击时间太短，动能冲击器不能使近地天体发生偏离……用核装置进行强力破坏将会是最后的选择。”

幸运的是，目前的研究重点是尽可能地寻找和跟踪近地天体，短期预警未来将变得越来越少，而长预警会更长。潜在的预警时间可能长达几个世纪，这开辟了一套全新的近地天体偏离方法。

温和的接触

前一章提过，2010 年美国国家科学院发表了一篇“保卫地球”的报告，副标题非常冗长，叫作“近地天体附近调查和风险缓和策略”。题目虽是“缓和”，报告谈的却是核爆炸和动能撞击器，但也描述了一种更为温和的方法，称为“慢——推——拉”。其定义如下：

> “慢——推——拉”指对近地天体持续施加一个小而稳定的力，从而使天体产生一个相对于名义轨道的小的加速度。如果这个力是顺着近地天体运动方向或与之相反的小加速度，效果会非常好，近地天体的轨道就会发生改变，要么比地球更早，要么比地球更晚出现在轨道上，从而避免撞击。

如果是执行太空任务，航天器必须与近地天体的速度精确匹配，因此慢——推——拉比核武器或动力学更棘手，这可能也是“锤子”研究中没有采用该方法的原因。正如我们在罗塞塔事件中看到的那样，要做到这一点可能需要十年时间。这从来就不是一个快速解决方案，这就是它得名“慢”的原因。

该报告考虑的第一个方法是“拖船宇宙飞船用物理方法推动近地天体，类似于对拖船施加小而稳定的力来移动更大的轮船”。听起来很简单，但这里有一个问题。与好莱坞电影里描述的相反，航天器大部分时间都没有动力，它们只是以恒定速度滑行。事实上，由于燃料供应有限，常规火箭发动机只能在短时间内使用，最多持续几分钟。这对我们毫无用处，我们需要的是可以在数月或数年内持续施加推力的缓慢推拉。

一个可能的方案是由核聚变驱动的火箭提供持久的和适当的

推力，核聚变相当于太阳内部的核反应。目前还没有这样的聚变火箭，但它没有违反任何物理定律，未来可能会出现。亚瑟·查尔斯·克拉克在《上帝之锤》中作出了这样的假设，A 计划是聚变火箭连接到将要撞击地球的太空岩石卡利，改变其轨道；B 计划是旧科幻片的最爱，一起发射核导弹。

克拉克给他的聚变火箭取名阿特拉斯（Atlas），这并不是一个特别原始的火箭名字，因为已经有了一个完整的火箭家族，但在这个例子中，这是一个词源上合理的选择。

> 神话里，阿特拉斯的任务是阻止天堂崩塌向地球。阿特拉斯推进舱的设计简单得多。它只需要挡住天空的一小部分。……它可以连续运行几周，而不是几分钟。即便如此，它对卡利这样大小天体的影响微不足道，速度每秒变化几厘米。但如果一切顺利的话，这就足够了。

即使是核火箭，也必须遵守牛顿定律，作用和反作用力相等且相反。必须有持续的核物质供应为核火箭提供推力。尽管克拉克在他的小说中没有提到此方法[1]，但最好采用近地天体本身刮下来的物质。这应该不太难，因为小行星和彗星的表面都很易碎，

---

1 克拉克没有采用这种方法而是让阿特拉斯火箭携带自己的反应物质，里面装满了液态氢。为什么这样做？一个愤世嫉俗的人说，这是因为他想在小说中安排一个戏剧性的场景，有人破坏了氢罐。

像土壤。

然而，对于慢——推——拉这样的特殊方法，这种易碎的特性也会产生其他问题。这使得很难真正牢牢抓住推拉的东西。（如果是“碎石堆”类型的小行星，完全不可能。）另一个麻烦是大多数近地天体都在不停地旋转，使用这种方法之前，必须找到某种方法停止其旋转。

一个更简单的方法叫作“引力牵引器”。它不需要与近地天体任何物理接触，不像农场牵引车，需要连接在牵引的物体上。“引力牵引器”更像星际迷航的牵引梁，像科幻小说中那样，使用的是一种看不见的能量束。好吧，它用的是引力，但二者差不多。

这种方法利用的是近地天体和旁边飞行的宇宙飞船之间的引力。两个物体中，宇宙飞船较小，这个力对其影响更明显，但还有一种运作方式。多年来，太空船缓慢把近地天体从危险中拉出来。宇宙飞船需要施加恒定的推力，以免撞向近地天体。与“拖船”所需的推力相比，这种推力很小，因为施加在近地天体本身的力来自宇宙飞船的引力。

基于此，谈论“多年来”取得必要的效果既有积极的一面，也有悲观的一面。如果近地天体的轨道需移动一个或更多地球半径的距离，引力牵引器产生的力太少，则需几个世纪的时间。在另一种情况下，一个小的偏转就可以了，不用这么长的时间，这需要引力牵引器发挥作用。让我们来看一个实际的例子。

前一章提到过毁神星。一颗“阿登型”的小行星，都灵危险指数暂达到4级，2029年有可能与地球发生碰撞。原初的轨道估算后，又出现了另一种可能性，2029年靠近地球时，地球的引力会使这颗小行星的轨道发生偏离，小行星移入一个新轨道，从而错过与地球碰撞。但7年之后，2036年会撞上地球。为了让小行星的轨道偏离，毁神星必须穿过一个不到1千米的称为“锁眼”的小空间。

在持续追踪毁神星很长时间后，我们知道它不会在2029年接近锁眼。这只是一个例子，毁神星可能晚些时候还会撞到另一个锁眼，或者与另一颗小行星出现类似的情况。如果它真的发生，可能需要一个引力牵引器，几年内稳稳拉动小行星，将它从锁眼中拉开。

另一种改变小行星轨道的方法比较稳妥，但很慢，依靠的是大自然，主要与小行星奇特的夜间行为有关。1902年俄罗斯工程师伊凡·亚尔科夫斯基（Ivan Yarkovsky）预言了这一现象，因此以他的名字命名，称为“亚尔科夫斯基效应”（Yarkovsky effect）。

像地球一样，大多数小行星的旋转会产生一个昼夜循环。白天的一面吸收阳光，夜晚的一面反射阳光。从物理学角度讲，夜晚的一面不断地发出光子流，这些光子像一个小小的火箭推进器一样，携带着少量的动量。只要有足够的时间，就可以改变小行星的轨道。对亚尔科夫斯基来说，这只是一个假设，但我们现在知道这确实是真的。“奥西里斯-雷克斯”任务中的小行星本努就是活生生的例子。

亚尔科夫斯基效应的大小取决于小行星的物理性质，尤其是表面的亮度。这样我们就可以进行简单的人工控制。根据需要，岩石可以漆成更深或更浅的颜色。如果时间充裕，小行星的轨道甚至可以从穿越地球变为非地球交叉轨道。

最后，还有一个不应被忽视的行动方针。有了太空卫士类型的系统，我们就可以对即将到来的威胁发出预警，但并不总是需要太空任务来有效应对这些威胁。对于一定大小的天体，如果撞击是局部而不是全局时，更简单的办法是尽可能准确地识别撞击点，组织该区域疏散。这将是最好的做法，例如，通古斯卡规模的天体，或亚利桑那州创造巴林格陨石坑的天体。

我们终于有了很多的选择。究竟哪一个最好取决于天体的大小和撞击前的预警时间。下面的图表总结了可能性，但由于变量太多和不确定性太大，没有量化为具体的数据。

很明显，除最小的威胁之外，太空任务的辅助是必不可少

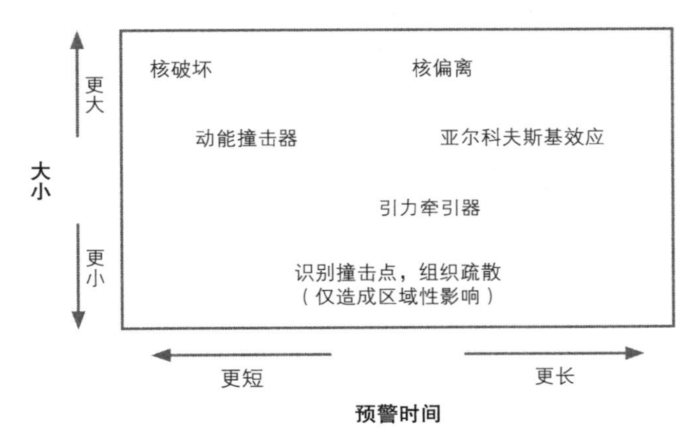

处理近地天体的最好方法取决于天体的大小和预警时间

的。我们是否需要在必要时候动员大家走出纯科学领域，探寻更广阔的航天政策，这是最后一章的主题。

8

时间问题，而不是可不可能

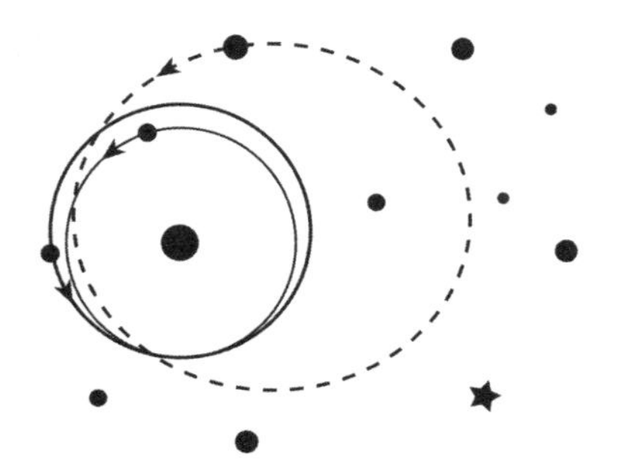

►►►

未来的某个时候，另一个希克苏鲁伯天体可能撞击地球，带来一次新的物种大灭绝，规模可能与恐龙大灭绝类似。那是必然发生的，而不是可能。唯一的问题是什么时候发生。希克苏鲁伯撞击发生在 6 600 万年前，下一次类似的事件可能是未来 6 600 万年。如果真是这样，人类就不用担心了，在那之前，我们还有很多灭绝的方式。极端的情况就是一颗直径 10 千米的彗星从奥尔特云不幸坠落到地球轨道上，那么明年我们就会看到希克苏鲁伯规模的撞击。

不过，不要太担心。6 600 万年的等待比明年的全球物种大灭绝更有可能发生。正如我们所知道的，小型近地天体远比大型近地天体更常见。地球更可能先被一个较小的天体击中。虽不会消灭整个物种，但仍然会造成严重的灾难。即使撞击只是在某个区域，摧毁的可能是一座大城市或一个小国家。另一种可能性是，全球文明赖以生存的基础设施容易遭到破坏，如电网、通信网络、燃料生产和分配，整个世界回到黑暗时代。这基本上是拉里·尼文和杰里·波奈尔的小说《撒旦之锤》中描述的情节。

做点什么

技术和科学知识帮助我们提前发现撞击，尽可能阻止事件的发生，因此，比起以前的时代，还有恐龙时代，我们还是有优势的。但有能力做某事与实际做某事却大相径庭。《撒旦之锤》写于1977年，但场景设计却在那个年代之后。小说主要是讽刺人类有能力发现撞击，但并没有把它当作一回事，没有将能力应用于实践。一组宇航员在一个类似于国际空间站执行美苏联合太空任务，他们仅察觉到灾难即将发生。这艘联盟号飞船最终返回地球的时候，科技文明已经毁于一旦。让人忧伤的是，正如他们看到的，他们注定是人类文明的最后一批宇航员。

《末日大决战》和《天地大冲撞》描绘的过于乐观，不幸的是这种情况在现实世界发生的可能性更大。理解科学和懂得技术是远远不够的，很多事也是如此，比如在月球上建研究站，在火星上建殖民地。它们完全可能，但现在仅仅存在于科幻小说中。

当然，如果发现一个真正有可能摧毁整个文明的威胁，情况可能不同。假设明天发现一个天体，都灵危险指数为9或10，我们能及时采取行动，拯救物种免于灭绝吗?

阿波罗计划是一个仓促制订的太空计划中最著名的例子，它在不到10年的时间里从零开始，实现了登月。人们对阿波罗11号的首次登月记忆犹新，虽然它只是一系列太空飞行中的一部分。

这需要在短时间内建造大量的太空硬件。最初的计划要求至少登陆月球 10 次。听起来可能有点夸张，但一个团队计划操控所有硬件，帮助小行星完成偏离任务。

当然，这个计划不是十分正式，只是一个学术练习。1967 年，阿波罗计划完全确定下来，任务执行之前，麻省理工学院的一位教授给他的学生布置了一个挑战。那时，人们已知晓了几个穿越地球轨道的小行星，伊卡洛斯（Icarus）就是其中之一，直径 1 千米，远日点在小行星带，近日点不到 0.2 AU。它也因此而得名，因为伊卡洛斯在希腊神话中就是离太阳很近的神。这个学术练习要求学生们假想，一年后，伊卡洛斯在下一次近距离飞行中坠入地球（虽然实际上，它根本不可能撞上地球）。

如果所有的阿波罗硬件都重新用于小行星拦截任务，而不是登陆月球，学生需要想出短时间内可以做什么，比如弃用人类船员，用最强大的核弹头来取代。学生通过修改方案和发射火箭重新制订一份切实可行的计划。阿波罗飞船的用途重新调整，它将飞向小行星，在距小行星约 30 米的地方引爆炸弹。这并不是要把伊卡洛斯炸成碎片，尽管这也可能，但这个方案只是让它偏离轨道。学生估算出，他们有 85% 的概率能降低撞击的影响，而有 70% 的概率能完全阻止碰撞。

回过头来看，学生的结论过于乐观，无论是在必要的调整速度方面，还是在这个过程中会遇到的工程问题方面。此外，学生们认为这个项目可以及时得到必要资金和政治承诺，这也比较乐观。现实世界中这不太可能。这听起来有点奇怪，但并不是每个人都想让小行星发生偏离。

双刃剑?

任何一项技术都可能，甚至可以成为武器，这是一个真理。如果一个类似通古斯卡天体定位精准的话，能够摧毁一个大城市，这个想法对于某些人来非常有吸引力。那么推动天体偏离碰撞轨道的技术可以用来推动天体进入碰撞轨道吗?

这就是比尔·纳皮尔扣人心弦的惊悚片《复仇者》（1998）里的想法，“美国人怀疑一颗小行星被秘密地转移到与他们国家的碰撞轨道上，”皇家天文学家告诉主角。小说关注的是这种猜忌造成的政治动乱，以及核弹攻击、暗杀和革命带来的威胁。在一个非常偏执的社会氛围中，根本不需要一个真正的小行星，仅一个猜测就可以引发轩然大波。

但小行星偏离技术真的会被当作武器吗? 最早提出这个想法是卡尔·萨根，他杜撰了“偏离困境”这个词来描述这种情况。然而，现实生活中，这种困境是不太可能的。正如前一章中提到，近地天体接近地球时，不会撞击的方式数百万种，但撞击的方式只有一种。如果把近地天体从一次击中的轨道转移到一次未击中的轨道，有很大的误差空间。如果推动它往相反方向移动，仍然会错过。

镜像问题非常棘手。如果你想让一颗不会撞上地球的小行星撞上地球，甚至精确到具体的地点，如华盛顿，就不能出错。推离轨道还不够，还需要精确定位。

还有另外一个区别。如果要把击中变为失误，天体只需要偏转一个地球半径的距离。即使军事领域中偶尔会出现失误变为击中，但这里，天体从未碰撞轨道转向撞击轨道，肯定需要一个更大的偏转。即使是那些制造恐慌的报纸头条，说地球与天体之间会出现的“近距离接触”，其实都是用几十或几百个地球半径来衡量的。

因此，卡尔·萨根提到的偏离困境基本上不是问题。尽管如此，人们仍有很多其他原因反对小行星偏离技术。萨根的论点是理性的，但并非人人如此。反科学向来都缺合理的论证。如果可以把气候变化都当作一场体制上的骗局而不予理会，那么撞击事件也一样。并不是每个人都相信直径 1 千米的天体会对整个地球产生毁灭性的影响。

每当宣布一个即将撞击的近地天体没能与地球撞上时，支持非理性的阴谋论者总是声称当局在撒谎，说肯定会撞上。实际上，根本不需要一个真实的事件来引发这类猜测，互联网上谣言随处可见，恐慌一触即发。它们也不可能被反驳，因为宣称的核心是美国国家航空航天局、政府和科学界正在合伙隐瞒真相。

如果你对阴谋论的心理一无所知，你可能会认为真正撞击出现时，阴谋论者最终会接受他们得知的真相，但那永远不会发生。网上阴谋论者的论坛都会吵吵嚷嚷，说都只是一场骗局，说不管当局想通过什么方式解决，他们都不能侥幸逃脱。

与任何大问题一样，双方的争执达到了白热化的程度。本福德和罗茨勒的小说《湿婆降临》就是最好的证明。美国国家航空航天局试图发射一个太空飞船，转移即将到来的小行星，但每次努力都遭到各方面的反对，有对技术恐惧的无政府主义者，也有宗教狂热者。这些宗教狂热者认为“太空的小行星撞击地球是人类的命运！人类不能改变命运！”。他们的想法偏执、不合逻辑，觉得世界末日是不可避免的，因此千方百计地破坏美国国家航空航天局的计划。

这非常有说服力。对于这样的大问题，不可能世界上的每个人，或一个国家的选民都同意。在完全对立的两种观点之间，更普遍的是双方各一半，势均力敌。不要觉得小行星的偏离任务会有所不同，尤其是如果它涉及任何类型的核技术。

这才是真正的“偏离困境”，就像亚瑟·查尔斯·克拉克的小说《上帝之锤》中讲述的那样。“慢——推——拉”计划失败后，只有实施计划 B，即核计划。就这个问题，全世界人民以真正民主的方式进行了一次公民投票：

> 据最准确的估计，卡利现在（1）撞击地球概率为 10%；（2）与大气层摩擦，发生爆炸造成局部破坏的可能性为 10%；（3）与地球擦肩而过的概率为 80%。
>
> 目前正在制订计划，在卡利身上引爆一枚千吨级炸弹，将其分成两个碎片。……另一方面，破坏卡利可能会导致更大范围的地球区域被更少但仍然高度危险的碎片轰炸。因此，请你对下列提案进行表决，炸弹是否应该在卡利上引爆：A. 是；B. 否；C. 弃权。

唯一可以肯定的——没有多少人会选 C。

放眼地球

人类要想长期生存下去，太空旅行至关重要。这不仅是为了应对近地天体，更重要的是找到一个居住的备选方案。政客们喜欢说的一句话是“没有 B 行星”。如果不努力创造一个 B 行星，那就真没有。这就是贯穿《湿婆降临》的主线，尽管它写于 1979 年，但讨论的话题仍与当下相关。1979 年是美国太空项目令人沮丧的一年，“阿波罗号”飞船结束任务后，美国太空项目计划撤回太空项目。

本福德和罗茨勒的小说背景设定在1979年之后的几十年，大概是21世纪早期，接近我们现在的时代。湿婆危机发生时，一颗小行星将与地球直接相撞，一位长期服役的宇航员发表了一篇长篇大论，反对政府对太空长期投资不足：

> 如果美国有山羊一半聪明，早在几年前就开始建立星际殖民地了。人类永远不会被某块该死的石头或其他东西消灭。

美国国家航空航天局局长给出的唯一回应是可悲的："我们确实有几个空间站，它们正在稳定地提供生物圈的信息。"事实证明，我们甚至没有"几个"空间站，只有一个。

冒着给没有读过这部小说的人剧透的风险，《湿婆降临》出人意料地给出了一个完美的结局。尽管有无数的破坏和灾难，主人公最终还是成功地让湿婆偏离了撞击轨道。好吧，你早就料到了，但也许接下来发生的事你就不知道了。这本不是计划中有意为之的一部分，湿婆从以太阳为中心的轨道冲出，进入一个绕地球的轨道。这是一个在月球之外的大轨道，但它仍然可以被阿波罗型飞船造访。

这突然把威胁变成了机会。正如小说中的一个人物所说：

> 据说，湿婆是一座巨大的铁山，蕴含其他珍贵的元素。现在离地球很近。在轨道工厂附近，具有大量的新原料。湿

婆本身在采矿过程中可能被挖空，成为可居住的地方。太空殖民地……是实实在在的东西，还有可能实现经济增长和自给自足。

现实世界中，如果我们不必经历可能的撞击而直接跳到那个阶段，那就太好了。就像本福德和罗茨勒写的小说一样，太空旅行把天体变为政府专有的一个省，但这基本不可能。不过，如今在航天事业中还有一些有影响力的人，其中一些人所持的观点截然不同。

以埃隆·马斯克为例。他的跑车早些时候曾到太空过。他对太空的整体态度与美国国家航空航天局截然不同。对马斯克来说，太空旅行不是科学或探索，而是为了长期生存。2017 年，他曾这样说道："要么我们永远待在地球，等待一些最终的大灭绝。……要么就到太空去建立一个太空文明，成为多行星物种。"在马斯克看来，太空旅行就像消除贫困或对抗疾病这样的大事一样重要。还有一次，他这样说道：

> 一种激进的人道主义观点认为生命应是多行星的，这样，灾难发生时人类才可以幸存。如果人类都灭绝了，哪还管什么贫穷或生病。这就好比说"好消息是贫穷和疾病已解决了，但坏消息是人类也已经没有了"。

目前，马斯克关注的只有火星，但太空中还有许多其他地方还等着我们去探索。月球的自然资源虽比火星少，但离我们很近，资源获取反而更容易。如果在太空中建立巨大的人工栖息地，要么绕地球运行，要么在自己的轨道上绕太阳运行。木星和土星的卫星也可能作为殖民地。

那么，哪一个会是我们的“B行星”呢？最好的答案是就是上面提到的全部，这样才能在宇宙撞击后尽可能地提高人类生存的机会。

拓展阅读

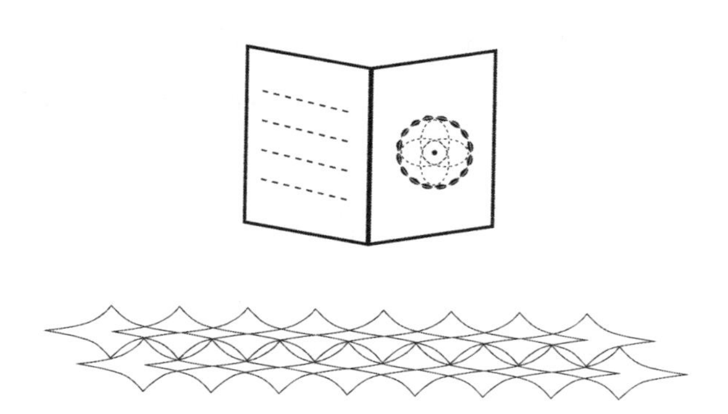

►►►

1 小行星启示录

Brian Clegg, *Armageddon Science* (St Martin’s Griffin, 2012)

Andrew May, *Pseudoscience and Science Fiction* (Springer, 2017)

Carl Sagan & Ann Druyan, *Comet* (Headline, 1997)

2 太空中的石头

John Man, *Comets, Meteors and Asteroids* (BBC Books, 2001)

Matt Salusbury, ‘Meteor Man’, *Fortean Times*, August 2010, pp. 40–45

William J. Broad, Flecks of extraterrestrial dust, all over the roof

Alessandra Potenza, Track Elon Musk’s Tesla Roadster in space

3 撞击路线

Kenneth Chang, You could actually snooze your way through an asteroid belt

NASA Centre for NEO Studies, *NEO Basics*

David W. Hughes, The position of Earth at previous apparitions of Halley’s comet, *Quarterly Journal of the Royal Astronomical Society,*

December 1985, pp. 513–520

NASA, A gravity assist primer

Mike Wall, Biggest Spacecraft to Fall Uncontrolled From Space

4 来自太空的死亡

Larry Niven & Jerry Pournelle, ***Lucifer's Hammer*** (Orbit, 1978)

Gerrit L. Verschuur, ***Impact! The Threat of Comets and Asteroids*** (Oxford University Press, 1996)

Charles Q. Choi, Impact! New Moon craters are appearing faster than thought

Jeremy Plester, Krakatoa–death, destruction and dust

BBC News, Meteorites injure hundreds in central Russia

5 宇宙联系

Lisa Randall, ***Dark Matter and the Dinosaurs*** (Vintage, 2017)

Victor Clube & Bill Napier, ***The Cosmic Serpent*** (Faber, 1982)

Seth Shostak, Is this mysterious space rock actually an alien spaceship?

Edward J. Steele et al. Cause of Cambrian Explosion: Terrestrial or Cosmic?

6 绘制威胁图

Carrie Nugent, *Asteroid Hunters* (TED Books, 2017)

Bill Napier, *Nemesis* (Headline Feature, 1998)

Brian Clegg, ‘Schedules in Space’, *Impact*, issue 4, pp. 6–9

Sarah Knapton, Alien life unlikely on Rosetta comet, say mission scientists

Chloe Cornish, Interplanetary players: a who’s who of space mining

BBC News, Invest to avert Armageddon

Defending Planet Earth: Near-Earth object surveys and hazard mitigation strategies

7 行星防御

Arthur C. Clarke, *The Hammer of God* (Orbit, 1994)

Gregory Benford & William Rotsler, *Shiva Descending* (Sphere Books, 1980)

Lawrence Livermore National Laboratory, *Proceedings of the Planetary Defence Workshop*

Brent W. Barbee et al., Options and uncertainties in planetary defence: Mission planning and vehicle design for flexible response

NASA Goddard Media Studios, How Sunlight Pushes Asteroids

8 时间问题，而不是可不可能

David Portree, MIT saves the world: Project Icarus

Russell L. Schweickart, The real deflection dilemma

Ross Andersen, Elon Musk puts his case for a multi-planet civilisation

Elon Musk, Making humans a multiplanetary species

图书在版编目（CIP）数据

撞击地球：来自小行星和彗星的威胁 /（英）安德鲁·梅（Andrew May）著；肖娴译. -- 重庆：重庆大学出版社, 2020.9

（微百科系列. 第二季）

书名原文: COSMIC IMPACT：Understanding the Threat to Earth from Asteroids and Comets

ISBN 978-7-5689-2339-2

Ⅰ. ①撞… Ⅱ. ①安… ②肖… Ⅲ. ①小行星—普及读物②彗星—普及读物 Ⅳ. ①P185-49

中国版本图书馆CIP数据核字（2020）第129369号

撞击地球：来自小行星和彗星的威胁

ZHUANGJI DIQIU: LAIZI XIAOXINGXING HE HUIXING DE WEIXIE

［英］安德鲁·梅（Andrew May） 著

肖 娴 译

懒蚂蚁策划人：王 斌

策划编辑：王 斌 敬 京　特约编辑：谢昕君

责任编辑：敬 京　装帧设计：原豆文化

责任校对：王 倩　责任印制：赵 晟

*

重庆大学出版社出版发行

出版人：饶帮华

社址：重庆市沙坪坝区大学城西路21号

邮编：401331

电话：（023）88617190 88617185（中小学）

传真：（023）88617186 88617166

网址：http：//www.cqup.com.cn

邮箱：fxk@cqup.com.cn（营销中心）

全国新华书店经销

重庆市正前方彩色印刷有限公司印刷

*

开本：890mm × 1240mm 1/32 印张：5.25 字数：103 千

2020年9月第1版 2020年9月第1次印刷

ISBN 978-7-5689-2339-2 定价：46.00 元

本书如有印刷、装订等质量问题，本社负责调换

版贸核渝字（2019）第 040 号